传感网节点定位技术研究

杨　忠　严筱永　著

科学出版社

北　京

内 容 简 介

本书旨在通过对传感网节点定位的主要原理和方法的介绍，并结合作者多年来在节点定位方面的研究成果，对其他书籍未涉及的一些前沿研究进行补充阐述。书中针对节点定位中的粗差、节点共线、异方差、非线性信号及各向异性网络等问题展开了讨论。

本书面向有一定传感网节点定位基础的本科生和研究生，以及有志于研究传感网节点定位相关领域的读者。

图书在版编目（CIP）数据

传感网节点定位技术研究 / 杨忠，严筱永著. —北京：科学出版社，2017.12
  ISBN 978-7-03-055542-7

  Ⅰ. ①传… Ⅱ. ①杨… ②严… Ⅲ. ①传感器-定位-研究 Ⅳ. ①TP212

中国版本图书馆 CIP 数据核字（2017）第 285896 号

责任编辑：胡云志 / 责任校对：王瑞
责任印制：吴兆东 / 封面设计：华路天然工作室

科 学 出 版 社 出版
北京东黄城根北街 16 号
邮政编码：100717
http://www.sciencep.com

北京中石油彩色印刷有限责任公司 印刷
科学出版社发行 各地新华书店经销
*
2017 年 12 月第 一 版 开本：720×1000 B5
2017 年 12 月第一次印刷 印张：9 1/2
字数：200 000
定价：79.00 元
（如有印装质量问题，我社负责调换）

前　　言

　　《“十三五”国家信息化规划》明确提出“全面建成小康社会的决胜阶段，是信息通信技术变革实现新突破的发轫阶段，是数字红利充分释放的扩展阶段”。在《“十三五”国家信息化规划》中有 20 处提到“物联网”，因此，大力发展物联网是推进数字中国建设的关键。物联网的发展加速了万物互联时代的到来，深刻地影响着整个经济社会的变革创新。构建“万物互联”，则需要借助物联网最基础、最底层的传感网技术，事先获知“物”和“人”的位置。传感网定位技术一直是国家科技攻关的重点之一。在“十二五”期间，国务院、科学技术部、工业和信息化部均在下发的多项指导政策中提出——要大力推动无线定位系统发展。而在国际上，传感网定位技术的发展方兴未艾，根据上海交通大学王新兵团队的统计分析，传感网定位技术是近十年国际科研领域的研究重点。作为传感网的重要组成部分，传感网的自定位技术也越来越受到广泛重视。

　　“低耗自组”是现代传感网的基本特征，通过在全部传感网节点加装卫星定位系统实现定位显然行不通。此外，卫星定位系统仅适用于室外无遮挡的条件下，因此，只能在部分节点上安装卫星定位系统，对于其他节点而言，其位置则需通过一定的算法估计出来。经过多年的发展，多种传感网定位方法被提出，并且在一定场景下取得较好的效果。然而与众多关键技术一样，传感网定位技术仍然存在诸多技术难题亟待解决。这是由于节点定位技术存在一些瓶颈：①监测区域环境复杂，受环境、障碍物、网络攻击等因素的影响，造成定位精度的不稳定；②由于节点部署通常是随机的，当用于位置估计的信标节点近似于同一直线或近似于同一平面时，会带来无法估计未知节点的问题；③由于监测区域通常较广，节点通信半径有限，加上信标节点随机部署使得某些未知节点难以获得足够数量信标节点用于位置估计，定位算法的覆盖率不高；④传统定位机制总是通过邻近的信标节点利用三边法或多边法进行位置估计，在信标节点与未知节点距离较远时，测量误差随之增大，最终造成较大估计误差等。基于此，本书主要针对上述问题展开深入的研究。本书的研究内容和创新点主要包括以下几个方面。

　　（1）在分析测距噪声特征的基础上，本书提出了一种基于中位数加权的测距定位算法。算法充分利用每次测量数据，在中位数的基础上，通过赋予不同时刻测量数据相应的权值，以达到减少粗差的影响并能平滑测量数据中的随机误差。

（2）针对用于位置估计的信标节点间近似于同一直线或近似于同一平面所造成计算中的多重共线性问题，本书提出了两种解决方案，即基于定位单元几何分析的定位算法和基于多元分析方法的定位算法。基于定位单元几何分析的定位算法分析了用于位置估计的定位单元拓扑质量，并在此基础上给出了量化标准；基于多元分析方法的定位算法则用多元分析方法对位置估计过程中的信标节点坐标矩阵进行筛选和综合。两种方法都能避免多重共线性所造成的估计精度低和不稳定问题。

（3）针对某些场景覆盖率不高的问题，通过降维的多元分析方法消除多重共线性问题的影响，并在此基础上利用一种可行加权最小二乘法解决实际环境下误差累积所产生的异方差问题。采用降维的多元分析方法不仅能消除多重共线性的影响，同时还可以降噪，计算过程采用实际计算中的残差作为加权最小二乘的权值，使得算法更符合实际部署情况，获得的定位精度更高。

（4）针对递增定位中，累积误差所产生的异方差和锚节点间共线对定位造成的影响，本书提出了一种兼顾异方差和共线问题的递增式定位算法。算法利用具有鲁棒特性的迭代重加权方法减少异方差的影响，用规则化的方法避免节点间的共线问题。该递增式定位算法相比以往方法，不仅能够较好地解决异方差的问题，还兼顾定位过程中共线问题对定位计算的影响，因而该方法能获得很高的定位精度，适用于不同的监测区域，具有较高的适应能力。

（5）针对传统三边或多边估计定位方法对信标节点比例和测量精度依赖性较高的问题，本书提出了基于核稀疏保持投影算法。该方法利用核函数来衡量节点间的相似度，通过稀疏保持自适应的选择和保持邻居节点间的拓扑结构，使得未知节点的位置由通信半径内所有节点共同决定。因此，该算法能有效地解决测距中的非线性问题，且受测量误差和信标节点数量影响较小。

（6）针对大规模场景下的多跳定位常受到网络拓扑各向异性影响的问题，本书通过构建跳数与距离的映射关系，将定位视为一种回归预测过程。此方法有效地避免了网络拓扑各向异性对定位造成的影响，且计算量小，无需设定复杂的参数，定位精度高。

（7）针对复杂环境中，多跳定位既受到网络拓扑各向异性的影响又受到跳数—距离非线性关系的影响，本书通过采用基于核方法的回归构建跳数—距离两者间的映射关系，有效地解决了多跳非测距定位中网络拓扑各向异性和跳数—距离非线性映射的问题。与同类研究相比，该研究具有参数易设、复杂度低、定位精确度高、性能稳定的优点。

本书系统地研究了传感网节点定位的理论，对提出的算法进行了仿真实验与分析。与其他方法相比，本书所提的方法具有可行性、有效性和先进性。

　　本书的出版得到了"十三五"江苏省重点建设学科（"控制科学与工程"学科）、国家自然科学基金项目（编号：51505204）、教育部产学合作协同育人项目（编号：201602009006）、中国博士后基金项目（编号：2016M601861）、江苏省博士后基金项目（编号：1701049A）、远程测控技术江苏省重点实验室开放基金项目（编号：YCCK201603）的资助，在此表示感谢！

　　限于作者水平，书中难免有不妥之处，敬请广大读者批评指正。

著　者

2017 年 7 月 5 日

目　　录

1　绪论 ·· 1

  1.1　研究背景及意义 ·· 1

  1.2　传感网概述 ·· 4

  1.3　传感网定位问题 ·· 9

  1.4　国内外研究情况和本书研究的主要内容 ·································· 20

2　基于中位数加权的测距传感网定位算法 ······························· 24

  2.1　概述 ··· 24

  2.2　传感网的测距模型 ·· 27

  2.3　基于中位数加权的距离估计方法 ·· 28

  2.4　节点坐标估计 ·· 31

  2.5　实验与仿真 ·· 33

  2.6　本章小结 ·· 40

3　基于定位单元形状判别和多元分析的定位算法 ···················· 42

  3.1　概述 ··· 42

  3.2　信标节点拓扑分析 ·· 43

  3.3　基于定位单元形状判别的定位算法 ·· 45

  3.4　基于多元分析的定位算法 ·· 50

  3.5　实验与仿真 ·· 54

  3.6　本章小结 ·· 62

4　基于可行加权最小二乘典型相关的递增定位算法 ················ 63

  4.1　概述 ··· 63

  4.2　相关概念 ·· 66

  4.3　节点坐标估计 ·· 70

  4.4　仿真与实验 ·· 73

  4.5　本章小结 ·· 81

5 一种改进的多跳递增定位算法 ·· 82

   5.1 概述 ··· 82

   5.2 节点坐标估计 ··· 83

   5.3 性能分析 ··· 87

   5.4 本章小结 ··· 89

6 基于线性规则化的多跳定位算法 ······························· 91

   6.1 概述 ··· 91

   6.2 基于岭回归的多跳定位算法 ···························· 92

   6.3 性能分析 ··· 94

   6.4 本章小结 ··· 98

7 基于非线性规则化的多跳定位算法 ·························· 99

   7.1 概述 ··· 99

   7.2 相关工作 ··· 101

   7.3 基于核岭回归的多跳定位算法 ······················ 103

   7.4 性能分析 ··· 105

   7.5 本章小结 ··· 110

8 基于 KSPP 的传感网定位算法 ······························· 111

   8.1 概述 ··· 111

   8.2 相关概念 ··· 115

   8.3 基于核稀疏保持投影的定位算法 ··················· 122

   8.4 仿真与实验 ·· 125

   8.5 本章小结 ··· 132

9 总结与展望 ··· 133

   9.1 本书总结 ··· 133

   9.2 研究展望 ··· 135

参考文献 ·· 136

1 绪 论

1.1 研究背景及意义

随着现代科学技术的发展，微机电系统(Micro-Electro-Mechanical Systems, MEMS)微型化程度越来越高，早先体积较大、电路组成复杂的传感网变得体积越来越微型化，功耗越来越低，灵敏度反而越来越高。与此同时，无线局域网技术、ZigBee 自组网通信等技术的发展，使得无线节点之间广泛地采用无线通信与自组网方式进行连接。现代传感网就是综合了传感器技术、嵌入式计算机技术、现代网络及无线通信技术、分布式信息处理技术的新一代网络技术，这项无线网络技术也称为传感网技术。它能够通过各类集成化的微型传感器协作地实时监测、感知和采集各种环境或监测对象的信息，通过嵌入式系统对信息进行处理，并通过随机自组织无线通信网络以多跳中继方式将所感知的信息汇集到数据处理中心。传感网技术的出现使得人们可以在任何时间、地点和任意环境下获取大量翔实而可靠的信息，从而真正实现"计算机彻底退居到幕后以致用户感觉不到它们的存在"理念[1]。

作为一种新型无线网络，传感网技术具有非常广泛的应用前景，其发展和应用将会给人类的生活和生产的各个领域带来深远的影响。传感网技术已被广泛应用于军事、环境监测和预报、健康护理、智能家居、建筑物状态监控、城市交通、大型车间和仓库管理，以及机场、大型工业园区的安全监测[2-7]等领域。随着"互联网+""大数据""云计算"等国家战略性课题的提出，传感网技术的发展对整个国家的社会与经济，甚至人类未来的生活方式都将产生重大影响。

传感网广泛研究始于 20 世纪 90 年代，美国、日本、欧盟等国家和地区都投入巨资对其展开深入的研究。美国商业周刊和麻省理工学院技术评论在预测未来技术发展的报告中，分别将传感网列为 21 世纪最具影响的 21 项技术和改变世界的十大技术之一[8]。美国的学术界和工业界还联合创办了传感网协会[9](Sensor Network Consortium)，期望能促进传感网技术的发展。多所美国大学和实验室也开展了传感网的研究，其中最具代表性的是加州大学伯克利分校和 Intel 公司联合成立的"智能尘埃"实验室[6]，它的目标是为美国军方提供能够在 1mm³ 的体积内自动感知和通信的设备原型的研制方法。

与欧美等发达国家相比，我国在传感网方面的研究起步稍晚，但是国家和许多科研机构投入的力度很大。在 1999 年，中国科学院启动了传感网研究，由其提出的代表传感网发展方向的体系架构、标准体系、演进路线、协同架构等已被 ISO/IEC 国际标准认可[10]。国务院在 2006 年发布的《国家中长期科学与技术发展规划纲要》[11]中确定了智能感知和自组织网络这两个与无线传感网络有直接相关的技术为信息技术的前沿方向。随后在 2012 年工业和信息化部发布的《"十二五"物联网发展规划》[12]中明确指出：到 2015 年，中国要在物联网核心技术研发与产业化、关键标准研究与制定、产业链条建立与完善、重大应用示范与推广等方面取得显著成效，初步形成创新驱动、应用牵引、协同发展、安全可控的物联网发展格局。"十二五"期间，我国将在感知、传输、处理、应用等核心关键技术领域取得 500 项以上重要研究成果；研究制定 200 项以上国家和行业标准；培育和发展 10 个产业聚集区，100 家以上骨干企业；在 10 个重点领域完成一批应用示范工程。与此同时，国内的多所高校和研究机构也展开了传感网的研究，如上海交通大学、浙江大学、南京大学、哈尔滨工业大学、中国科学技术大学、中国科学院软件研究所等。它们结合自身优势，成立了相关研究部门和小组，均取得了丰硕的研究成果。

在传感网中，位置与传感网紧密相关，它们之间的关系不是单一地通过传感网计算位置，位置同样也可以反作用于传感网。也就是说，传感网感知的数据不仅需要有地理意义，有地理信息的数据还要能辅助其他传感网的功能和管理。也正是因为如此，传感网定位技术伴随着无线通信技术的发展越来越受到关注，已成为无线网络之后又一个研究热点[13]。

早在 16～17 世纪航海大发现时期，海洋中的船只通过无线测距和灯塔等确切参照物估计出其所处的位置。而随着信息技术的发展，特别是随着卫星定位系统的普及，无线定位技术与人类日常生活日益紧密。卫星定位系统一般被认为是一种长距离定位系统，它以基站(天空中的卫星)为中心，通过直接通信(单跳)的方式，在室外广阔区域以终端设备(如接收机)直接与基站通信，构建成星形网络。然而，一项关于室内环境的调查报告指出，人们有 87%～90% 的时间是在室内、建筑物密集的城市、森林等复杂环境中度过的[14, 15]。这类环境距离在 100～2000m，又被称为中短程场景或统称为室内环境[16]。如图 1.1 所示，在室内环境中，卫星信号微弱或被屏蔽，卫星定位难以发挥作用。随着信息技术的发展，以传感网为代表的中短程无线自组织网络技术的出现，促使无线定位技术也相应地从基站定位(单跳定位)升级为网络定位(多跳定位)的方式：网络中少量节点(一般称为信标节点、锚节点或参考节点)通过手工设置或卫星定位系统获取全局位置信息，其余大量节点先获取与邻居节点的相对位置关系，再通过传感网交换数据相互配合进而获得全局位置。

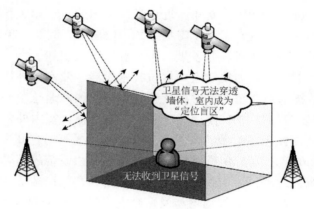

图 1.1　卫星定位

随着通信技术的发展，室内环境变得越来越庞大复杂，像智能制造过程的物件的追踪、自动货物的搬运、自动物件的加工；矿井坑道、多层建筑内需要实时定位和跟踪内部人员；停车场中反向寻找车辆，大型商场超市中寻找某件特定商品，车站机场定位走散的人员等任务也变得越来越困难。如图 1.2 所示，随着"互联网+"与"工业 4.0"的深入发展，室内中短程多跳传感网定位的需求前所未有地高涨。

图 1.2　传感网定位应用场景

多家著名市场调研公司都对室内定位的市场前途做出了乐观的预测。例如，早些年，Markets and Markets 公司就曾预测中短程无线定位技术的市场规模在

2014 年将达到 9 亿美元，并预测将在 5 年内增至 44 亿美元，平均年增长率高达 37.4%[17]；Research and Markets 公司的估计更为乐观，他们曾预计 2013～2018 年 的平均年增长率将达 48.4%[18]；同样持乐观态度的还有科技行业咨询公司 IDTechEx，该公司认为，到 2024 年中短程无线定位总的市场规模将超过 100 亿 美元[19]。多个国家政府机构也对室内定位发展提出了要求。美国联邦通信委员会 提出"下一代 911 项目"，要求实现室内定位精度在 164 英尺[①]以内的概率为 40%， 到 2020 年定位概率提升到 60%[20]。日本则颁布了紧急呼叫法案，要求室内位置 服务精度达到 10m 以内[21]。同样，近年来，中国政府、相关科研部委也对无 线定位技术非常重视，发布了多个专项计划、白皮书，例如，2012 年科学技术 部下发了《导航与位置服务科技发展"十二五"专项规划》[22]，文件中明确指 出在"十二五"期间要大力推动室内定位技术发展，使室内外协同实现精密定 位；2013 年科学技术部高新技术发展及产业化司和国家遥感中心等联合发布了 《室内外高精度定位导航白皮书》[23]，白皮书力推融合室内外精确定位的羲和 系统实施，使其在社会多领域的位置服务、紧急救援等场合开展示范应用。白 皮书展望在 2020 年之前 100 座左右的城市完成羲和系统的部署，使一亿以上 的人使用该系统。此外，关于物联网、交通运输和智能制造等相关产业，"十 三五"规划、工业转型升级规划均涉及多个室内定位相关内容[24-26]。

随着"泛在高效的信息网络"的建设，人们的新期望将是"通过手机基站、 WiFi 发射器和其他中短程区域基础设施，利用中短程多跳定位系统，构建一个几 乎无时无刻不在发挥作用的空间背景环境"。因此，传感网定位技术对全社会而 言是一个巨大的经济机遇，对传感网定位技术研究的进一步扶持将为我们带来更 加革命性的进步。众多的研究人员对传感网定位技术开展了多年的研究，并取得 了众多的研究成果，但目前在中短程区域中实现适应能力强、精确程度高且廉价 的传感网定位系统，尚不具备商业可行性。

1.2　传感网概述

1.2.1　传感网的特点

传感网由成百上千的传感网节点组成，与其他常见的无线网络，如移动通信 网、无线局域网、蓝牙网络、Ad Hoc 网络等相比，传感网具有无需固定设备支撑、

---

① 英尺，非法定单位，1 英尺=3.048 × 10^{-1} 米。

可以快速部署、易于组网、不受有线网络约束、高度自组织和高容错性的特点。其主要特点体现在以下几个方面[8, 27]。

(1)硬件资源受限。例如，智能尘埃项目预计微尘器件的价格在 1 美元左右。因此，节点受价格的限制，其电源能量、通信能力、计算能力、内存容量和程序运行空间比普通的计算机功能要弱很多。

(2)规模大、节点密度高。其包括两方面的含义：一是节点分布的区域大；二是节点部署密集。为了完成监测任务，通常覆盖面积超过需要覆盖的监测区域，以减少空穴或盲区。传感网节点分布密集，是为了降低对单个传感网节点的精度要求，分布式处理大量的采集信息进而提高检测的精确度。

(3)自组织、自适应网络。在传感网的应用中，大多数传感网节点的部署、位置不能预先设定。这要求节点在部署后，通过拓扑控制机制和网络协议协调各自的行为，快速、自动地组成一个独立的监测网络。此外，由于所处的应用环境，部分节点可能由于某种原因而失效，同时也有可能为了增加精度而增加部分节点，这使得网络中节点数目不确定，进而导致传感网本身的拓扑结构发生变化，因而其具有很强的自适应能力。

(4)以数据为中心的网络。与传统网络采用基于具有唯一性的 IP 地址标识不同，传感网是任务型网络，在监测区域内各个节点采用编号进行标识，节点编号是否需要全网唯一取决于网络通信协议的设计。由于传感网节点随机部署，节点编号与节点位置没有必然联系。用户查询事件直接将所关心的事件通告网络，而不用通告给具体的节点。网络在获得指定事件的数据后汇报给用户。因而，传感网这样以数据本身作为查询的方式的网络是一种以数据为中心的网络。

(5)应用相关的网络。传感网用来感知客观物理世界，获取物理世界的信息量。客观世界的物理量多种多样，不可穷尽。不同的传感网关心不同的物理量，因此对传感网的应用系统也有多种多样的要求。不同的应用背景对传感网的要求不同，其硬件平台、软件系统和网络协议必然会有很大差别。传感网不能像互联网一样，有统一的通信协议平台。不同的传感网应用，虽然存在一些共性问题，但开发传感网应用，更关心传感网的差异。只有让系统更贴近应用，才能做出最高效的目标系统。针对每一个具体应用来研究传感网络技术，这是传感网设计不同于传统网络的显著特征。

1.2.2　现代无线网络系统构成

一般来说，传感网的系统架构如图 1.3 所示，其通常由传感网节点(Sensor Node)、汇聚节点(Sink Node)和管理节点(Manager Node)三个部分组成。大量的传感网节点随机部署在监测区域内，通过感知、采集与监测对象相关的事件或数据，并经由随机自组织无线通信网络以多跳中继的方式将所感知的信息汇聚到汇聚节点，汇聚节点通过互联网或通信卫星将信息传输到任务管理节点。

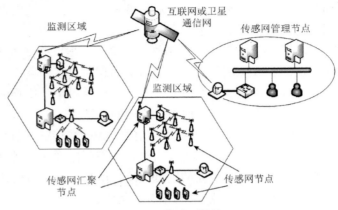

图 1.3　传感网结构

　　传感网节点通常是一个依靠电池供电，存储容量、计算能力和通信处理能力都很弱的微型嵌入式系统。传感网节点一般由处理器单元、无线传输单元、传感器单元和电源模块单元四部分组成，其一般结构如图 1.4 所示。从功能上看，传感网节点具有终端和路由器的双重功能，除进行本地的数据收集和处理外，还要对来自其他传感网节点的数据进行存储、聚合和中继等操作。传感网汇聚节点是一种特殊的节点，它经常用于发布管理节点的监测任务，并将收集到的数据转发到外部网络上。相对于普通传感网节点而言，它的处理能力、存储能力和通信能力更强。因而，传感网汇聚节点既可以是一个具有增强功能的传感网节点，有足够的能量供给和更多的内存与计算资源，也可以是没有监测功能仅带有无线通信接口的特殊网关设备。传感网汇聚节点连接着普通传感网节点和外部网络，实现两种协议栈之间的协议转换。

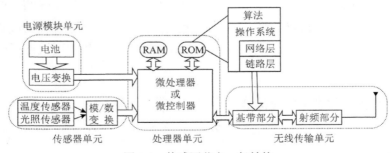

图 1.4　传感网节点一般结构

1.2.3　传感网的应用及前景

目前，传感网技术因具有传感及无线连通特性，在众多领域得到了广泛的应用，主要包括环境监测、医疗健康、智能家居、军事应用等方面[2-9, 27]。

1. 环境监测

传感网已经被广泛应用于火山、海洋、冰川、森林等监测，如部署在斯德哥尔摩、伦敦和布里斯班等几个城市的传感网用来为公民监测危险气体的浓度；美国加州大学采用传感网系统来监测大鸭岛上海燕的生活习性，研究人员在大鸭岛上部署了 32 个由温度、湿度、气压和红外线传感网组成的节点，并将它们接入互联网，从而可以实时获取岛上的气候信息，评价海燕筑巢的环境条件；传感网也被应用在精细农业中，通过监测土壤的温度、湿度、酸碱度、含水量、光照强度等数据，并借助专业模型来获得农作物生长的最佳条件。

2. 医疗健康

传感网在医疗系统和健康护理方面的应用包括监测人体的各种生理数据，跟踪和监控医院内医生和患者的行动，医院的药物管理等。例如，在患者身上安装心跳、体温和血压等传感网节点后，医生就可以随时了解患者的病情，及时处理异常情况。爱尔兰和英国的传感网研究小组设计了一个可穿戴的身体监控系统，可以对患者进行持续的医学观察。在研制新药的过程中可以利用安装在实验对象身上的传感器持续采集监测者的生理数据；人工视网膜是传感网在医疗健康方面的典型应用，在智能传感器与集成微系统 (Smart Sensors and Integrated Microsystems, SSIM) 人工视网膜计划中，将由几百个微型传感器组成的人工视网膜植入人眼，就可使失明者或视力极差者恢复到一个可以接受的视力水平。

3. 智能家居

传感网节点可以内置在冰箱、电视机、录像机、空调等家用电器中，并组建成一个家庭智能化网络，并采用无线通信方式与互联网连接。借助远程监控系统，用户可以完成对家中电器设备的远程遥控，这将为人们提供更加便利、舒适和人性化的家居环境。例如，用户可以在回家之前半小时打开空调，用户一回到家就可以享受到合适的温度。此外，用户也可以遥控家中的电视机、录像机、计算机等电器设备，使它们按照自己的意愿进行工作。

4. 军事应用

传感网可以用来探测敌方入侵、监控敌方军情、构建电子防御系统，为军方提供军事预防和情报信息。它还能够实现对敌军兵力和装备的监控、战场的实时监视、目标的定位、战场评估、核攻击和生物化学攻击的监测与搜索等功能。

此外，传感网还被应用于其他一些领域。例如，在物流管理中，传感网不仅为追踪和跟踪大而昂贵的产品提供了机会，而且为小且便宜的产品提供了追踪和跟踪的机会，使得材料现场跟踪、被动定位与跟踪得以实现。又如，在工业监控中，机器健康监测、数据记录、工业传感和控制都为传感网提供了用武之地。

1.2.4　传感网的关键技术

传感网涉及多学科交叉的研究领域，有非常多的关键技术有待研究和发现，其关键技术主要有以下几方面[2-9, 27, 28]。

（1）网络拓扑控制：其研究目的是在满足网络覆盖度和连通度的前提下，通过功率控制和骨干节点的选择，剔除节点之间不必要的无线通信链路，为提高路由协议和 MAC 协议的效能、促进数据融合目标定位等其他研究奠定基础。

（2）网络协议：由于传感网节点自身的计算能力、存储能力、通信能力及携带的电池能量都十分有限，单个节点只能获取局部网络上的信息，其自身运行的网络协议不可能太复杂。同时网络拓扑结构的动态变化，也使得其获取的网络资源是不断变化的，这些问题都对网络协议的设计提出了更高的要求。

（3）网络安全：传感网作为任务型的网络，不仅要进行数据的传输，而且要进行数据的采集和聚合、任务的系统控制等。如何保证任务执行的机密性、数据产生的可靠性、数据聚合的高效性及数据传输的安全性，已成为传感网安全问题需要重点研究的内容。

（4）数据融合：传感网存在能量约束，减少传输的数据能够有效节省传输功耗，因此在从各个传感网节点收集数据的过程中，可利用节点的本地计算和存储能力处理数据的聚合，去除冗余信息，从而达到节省能量的目的。

（5）定位技术：位置信息是传感网节点采集数据中不可缺少的部分，确定事件发生的位置或采集数据的节点是传感网最基本的功能之一，也是研究热点之一，特别是在难以预测的复杂环境下定位技术还是一个研究难点。

随着传感网技术和相关应用的不断发展，传感网涉及的相关技术也越来越多，如时间同步、数据管理、无线通信技术、嵌入式操作系统、应用层技术等。

1.3　传感网定位问题

定位这一概念最早出现在 16～17 世纪的航海大发现时期,当时航行中的船舶需要通过灯塔等确切参照物估计出其所处的位置。在第二次世界大战期间,随着无线电波的发现,它很快被用于确定紧急情况下士兵的位置。在其后的越南战争中,美国国防部开发了全球定位系统(Global Positioning System, GPS)用于支持在作战区域的军事行动[29]。1990 年, GPS 卫星定位被允许私人和商业使用,例如,导航和紧急援助等。尽管 GPS 的定位在众多领域取得广泛的成功,但它仅适用于室外无遮挡条件,且受制于天空中的 GPS 卫星,所以, GPS 有时无法使用。此外, GPS 接收器体积大、成本高、功耗高,还需要固定的基础设施,因而它并不符合传感网 "低价格、低成本、低功耗" 的要求[8]。

随着传感网技术的快速发展,传感网的应用越来越多,在各种应用中,检测到事件后的一个重要问题就是确定该事件发生的位置。所谓传感网定位,就是确定某一事物在传感网环境中的位置。比如,在商业应用中,需要知道仓库中物品的存放位置;在养老院中需要确切地获知老人的位置;在公共安全和军事应用中定位系统可被用于跟踪监狱中的犯人,导航公安干警、消防战士以完成他们的任务。此外,传感网节点的位置信息还可以为其他技术的应用提供帮助。例如,在路由选择中,位置信息和传输距离相结合,可以避免信息网络中无目的的扩散,并可缩减数据的传送范围,从而能够降低功耗,为路由算法的设计提供帮助[30];在网络拓扑控制中,利用节点传回来的位置信息构建网络拓扑,并实时统计网络覆盖情况,可对节点密度低的区域及时采取必要的措施[31];在网络安全中,位置信息为认证提供验证数据[32];等等。正是这些原因,事先获取每个节点的位置信息对各种传感网应用有着重要意义。根据文献[33]中统计,约 80%的上下文感知信息与节点位置有关,在许多传感网应用中节点的位置信息起着关键性的作用。

传感网中的定位具有两个层次的意义:其一是确定自己在系统中的位置;其二是确定目标在系统中的位置。本书的研究主要针对第一种情况,即节点自身定位展开的。传感网中包含了大量的传感网节点,通常节点的放置采用随机布撒。考虑到传感网节点的价格、体积和功耗等因素,较为合理的节点自定位方法是借助部分已知位置的节点通过一定的估计算法计算出来。一般而言,传感网定位问题的假设前提如下。

(1)传感网具有较高的密度。

(2)传感网中每个节点具有全网唯一的识别号(Identification Number，IN)。

(3)一般情况下，传感网中所有节点具有相同的最大通信距离。

(4)在定位过程中每个节点的相对位置不变。

1.3.1 传感网节点定位的概念

传感网节点定位技术通常还会涉及以下一些基本概念[15, 32-34]。

(1)信标节点(Beacon Nodes)：监测区域内位置已知的节点，通常在系统初始化阶段就已获知其所处位置，信标节点可以通过加装 GPS 设备或人为设定方式预先获得位置信息。也有文献称为锚节点(Anchor Nodes)或参考节点(Reference Nodes)。

(2)未知节点(Unknown Nodes)：监测区域内信标节点以外的节点。

(3)邻居节点(Neighbor Nodes)：节点通信半径内的所有其他节点的集合。

(4)跳数(Hop Count)：两个节点之间的跳断总数。

(5)跳距(Hop Distance)：两个节点之间的各个跳断的距离之和。

(6)基础设施(Infrastructure)：协助传感网节点定位的已知自身位置的固定设备，如基站、卫星等。在定位过程中，这些基础设施也可以当作信标节点使用。

(7)不可定位节点比例(Non-Locatable Node Ratio)：不可估计位置节点占未知节点的比例。

(8)视距关系(Line of Sight，LOS)：两个节点之间没有障碍物，它们之间可以直接通信。

(9)非视距关系(Non-line of Sight，NLOS)：节点之间存在障碍物导致它们之间不能够直接通信。

1.3.2 传感网节点定位与性能评价

1. 传感网节点定位

传感网节点定位(Node Localization)是通过一定的技术和方法来获取传感网中未知节点的绝对或相对位置的过程。按照用途，一般可以粗略地将定位分为目标定位和自身定位。目标定位是利用已知位置的节点去确定监测区域内目标的位置的过程；而自身定位是未知节点自身位置确定的过程。其中，自身定位是本书研究的主要对象。

一个节点定位系统一般由三部分组成，即测量阶段、位置估计和定位算法，如图 1.5 所示。图 1.5 中 B 代表信标节点，U 代表未知节点。这三部分相互影响、相互制约，且每一部分都能影响其余部分，并影响最终定位精度。定位系统的每一部分都可以被看作定位问题的一个局部，需要分开单独研究。定位系统的三部分详细内容如下。

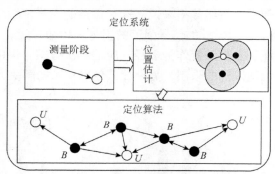

图 1.5　定位系统的三个组成部分

（1）测量阶段。相邻节点之间通过某种物理测量获取相互之间的距离信息，或者通过多跳通信对相互之间的距离信息进行估计，这个阶段所获取的结果将被另外两部分所使用。通常，测量手段是接收信号强度指示（Received Signal Strength Indicator，RSSI）、到达时间（Time of Arrival，TOA）、到达时差（Time Difference of Arrival，TDOA）、到达角（Angle of Arrival，AOA）中的一种或多种。

（2）位置估计。未知节点利用获取的测量信息，以信标节点为参照，采用一定的算法，如三边法、多边法及三角法，来估计自身的位置。

（3）定位算法。这部分是定位系统中最重要的，它利用某种定位算法，在获得前期的信息基础上使得监测区域内所有的未知节点获得位置信息。常见的定位算法有 Ad Hoc 定位系统（Ad Hoc Positioning System，APS）、雷达定位系统（RADAR）等。在传感网定位中，无论何种定位算法，都离不开物理测量、位置计算、数据处理这三个主要环节[34]。

测量阶段也可称为物理测量阶段，主要是描述物体在空间中位置的一系列物理量。在传感网定位中，物理测量大多数采用无线电波。最常见的测量手段包括飞行时间、信号相位、信号强度和达到角度等，清华大学的刘云浩团队在最新的无线定位研究中还使用了射频识别（Radio Frequency Identification，RFID）的反向散射技术（Backscatter）[35, 36]及信道状态信息（Channel State Information，CSI）[37, 38]。在实际的无线定位应用中，对于采用何种测量手段并没有严格限制，只要这种无线信号具有位置区分性就能被用来定位。不同类型、性能的无线物理测量技术的性能各有千秋，有些无线电波容易获取、传播速度快，但只能依赖信号衰减模型计算传播距离（精度较低）；有些传播速度相对较慢但精度却较高。中短程定位系统所涉及的范围小，大多数应用需要 1～2m 甚至更高的精度，而通常的民用卫星定位精度大约只有 10m。中短程定位系统的物理测量的主要困难是其很大程度上受到环境因素的制约，即发射端与接收端之间的传播路径存在很大的不确定性。室内建筑结构对无线信号传播形成多障碍、多重反射、散射及非视距传播等干扰。相对于无线定位所假设的直线传播来说，这种传播的不确定性多以多径效应表现（图 1.6），多径传播会引起额外的信号强度的损耗和传输时间。对于这类问题，理论上可以选择高功耗和宽带系统作为多径效应的解决方案，但由于节点芯片的频谱和发射功率的可调整范围的限制，需设计其他更复杂的解决方案。

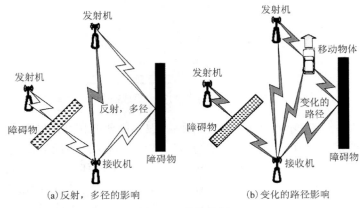

(a) 反射，多径的影响　　　　　　(b) 变化的路径影响

图 1.6　多径传播

　　位置估计也可被称为位置计算，它是利用物理测量获得的信息来估计。在中短程定位系统中，不论采用何种物理测量方法，传感网定位算法都可以进一步分为单跳定位和多跳定位。若节点间距离较小（小于 100m），未知位置节点与信标节点直接进行物理测量，可用单跳定位进行位置估计；若节点间的距离较大（中程，节点间距离在 100~2000m），则需要采用多跳定位方式，即间接地将跳数转换成物理距离或从信标节点附近逐步通过迭代方式扩散至网络边缘。通常未知位置节点在获取到信标节点距离后利用最小二乘法或极大似然估计法[39]估计其位置。由于测量误差的存在，同时为了保证网络的通信性能，定位时需要大量的信标节点。然而，最小二乘法或极大似然估计的定位方法都是以极小化训练误差（信标节点的位置信息）为优化目标，即基于经验风险最小化原则，其产生的解仅仅是局部最优解，而非全局最优解。过多的信标节点并不意味着定位性能的提高，因为可能过小的训练误差反而导致泛化能力下降，文献[40]用实例验证了最小二乘法和极大似然估计法的局限性。此外，文献[41]做过统计，信标节点的费用比一般节点高两个数量级，这就意味着监测区域内仅有 10%的信标节点，整个网络的价格也将增加 10 倍。如何在保证网络性能的前提下，仅以有限的节点保障定位性能是值得考虑的问题。

　　数据处理是对物理测量和位置计算中所涉及的数据进行采集、存储、检索、加工、变换和传输，它贯穿整个定位过程。性能优良的无线定位方法不仅能在理想环境下获得优异的定位性能，而且应该具有适应各种环境的能力、能满足各种应用的需求。在实际应用中，任何测量技术都不可避免地存在测量误差。此外，密集的城市环境、大楼内及森林里也会产生非视距、多径传播(Multipath Propagation)以及阴影效应(Shadowing Effects)、天线增益(Antenna Gain)等问题[42-44]的影响，同时硬件质量或故障、环境因素和恶意攻击等因素都会扩大这些不利的影响[32, 45, 46]。文献[46]的实验结果表明，哪怕是很小的测量误差都能够明显地影响位置计算的准确性。众多的国内外研究表明，无线网络中的这些误差可以分为两类：外在误差和内在误差[34, 47]。外在误差源于测量信道的物理因素；而内在误差由系统硬件和软件的缺陷引起，特别在使用多跳信息进行定位时，内在误差更复杂。

2. 性能评价

在传感网中，受传感网节点自身配置、通信能力等限制，加之传感网一般规模较大，并且节点随机部署，因此，定位的性能直接影响其可用性和应用范围。定位算法的性能指标是评价其优劣性及可用性的重要参数，常用的性能指标有定位精度、不可定位节点比例、功耗、信标节点比例、自适应性和容错性、适用环境与规模、网络拓扑结构适应性等。详细描述如下。

(1)定位精度：定位精度一般被定义为误差值与节点通信半径的比例。例如，定位精度为 10%表示定位误差相当于节点通信半径的 10%。也有分布的定位方法将定位区域划分为网格，其定位精度就是网格的大小，如 RADAR[48]、基于压缩感知的定位方法[49]等。为了评价整个网络的定位精度，通常选用平均定位误差(Average Localization Error，ALE)，它被定义为所有未知节点估计位置到真实位置的欧氏距离的平均误差与通信半径的比值。

(2)不可定位节点比例：不可定位节点比例是指定位算法运行结束后不能成功定位的未知节点总数占网络中所有未知节点总数的比例，反映了算法的定位覆盖率。

(3)功耗：由于传感网节点电池能量有限，功耗问题一直是传感网算法设计和实现首要考虑的因素。与节点功耗密切相关的因素主要有计算量、通信开销、存储开销、时间复杂性等。对于定位算法而言，减小定位过程中的能量消耗，需以保证定位精度为前提。

(4)信标节点比例：信标节点的位置信息依赖于人工部署或 GPS。人工部署信标节点的方式不仅受费用、部署环境的限制，还严重制约了网络应用的扩展性。而使用 GPS，会使信标节点的费用比一般节点高两个数量级，这就意味着监测区域内仅有 10%信标节点，整个网络的价格也将增加 10 倍。定位精度常常受到信标节点比例的影响，数量过多的信标节点势必增加网络成本，因此，信标节点比例也是评价定位系统和算法性能的重要指标之一。

（5）自适应性：在部署区域内节点常会受到外界环境的干扰，因此，定位系统和算法的软、硬件必须具有很强的容错性和自适应性，能够通过自动调整或重构纠正错误、适应环境、减小各种误差的影响，不会因为个别节点的失效而导致其他节点出现无法定位或误差很大的情况。

此外，定位算法还要考虑节点自组织性、算法的鲁棒性、能量利用的高效性、算法是否是分布式计算、算法是否具有可扩展性等问题。

1.3.3　常见的测量方法

传感网的定位精度在一定程度上依赖于测量技术本身的精度，通常测量误差越小，定位算法获得的定位精度越高。传感网常用的测量方法[35, 50]有接收信号强度指示（RSSI）、到达时间（TOA）、到达时差（TDOA）、到达角（AOA）等。

1. 接收信号强度指示（RSSI）

通过接收点接收到的信号强弱计算传播损耗，使用理论或经验的信号传播模型通过传播损耗估计距离。该技术比较容易实现，不需要复杂的硬件来支持，但受到噪声、多径效应、非视距等环境因素影响，测量值存在比较大的误差，需通过算法进行修正。如图 1.7 所示是真实环境下 RSSI 信号强度随距离增大而衰减的关系图。

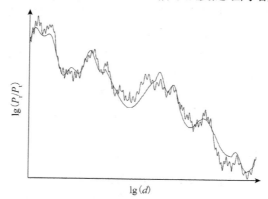

图 1.7　RSSI 信号强度随距离增大而衰减

在实际应用基于 RSSI 测距定位方法时，衰减信号与距离的转化常利用两种方法：信号传播理论模型和指纹比对信息数据库。前者使用起来方便，无需前期的数据采集和模型建立过程，但精度受到一定的限制；而后者能够得到适合于具体使用环境的模型，精度相对较高，但工作量较大，适用性受到限制。

研究人员根据这一特点拟合出 Friis 方程，即与发射节点距离为 d 的位置接收到的信号功率为

$$P_{\rm r}(d)=\left(\frac{\lambda}{4\pi d}\right)P_{\rm t}G_{\rm t}G_{\rm r} \tag{1.1}$$

其中，$P_{\rm t}$ 是发射端的功率，$G_{\rm t}$ 和 $G_{\rm r}$ 分别是发射端和接收端天线的增益，λ 是信号载波的波长。

实际环境中射频信号会受到很多因素的干扰，如噪声、阴影效应、多径效应等，因此在实际环境中常用对数正态阴影（Log-Normal Shadowing Model）模型计算信号与距离的关系。其计算公式如下

$$PL(d)[dB]=\overline{PL}(d)+X_{\sigma}=\overline{PL}(d_0)+10n\lg(\frac{d}{d_0})+X_{\sigma} \tag{1.2}$$

其中，d 是接收节点与发射节点之间的距离；$\overline{PL}(d)$ 是接收节点在进过距离 d 后的信号功率；d_0 是取值为 1m 的参考距离；$\overline{PL}(d_0)$ 是参考距离为 d_0 的节点对应的接收信号功率；X_{σ} 是一个均值为 0 的高斯随机变量，反映了当距离一定时，接收信号功率的变化；n 是路径损耗指数，是一个与部署区域环境相关的值。

假设在部署区域内存在三个节点 R_1、R_2、R_3，它们的坐标位置已知，在收到发射功率为 P 的目标节点 U 传来的信号后，三个参考节点 R_1、R_2、R_3 收到的信号值分别为 P_1、P_2、P_3，则目标节点 U 和三个参考节点 R_1、R_2、R_3 的距离关系可以用下列方程得到

$$\begin{cases} P/P_1=d_1^{n_1} \\ P/P_2=d_2^{n_2} \\ P/P_3=d_3^{n_3} \end{cases} \tag{1.3}$$

著名的 RADAR 系统[48]和 SpotOn 系统[51]就是最早出现的建立在指纹比对信息数据库上基于 RSSI 的定位系统。

2. 到达时间（TOA）

也被称为飞行时间（Time of Flight，TOF），其测距原理是假设电磁波在 t_0 时刻从参考节点出发，电磁波的传播速度 v 已知，在 t 时刻到达目标节点，因此参考节点到目标节点的距离是 $v(t-t_0)$。TOA 技术测量精度较高，但要求发射节点和接收节点之间保持精确的时间同步，因此对节点的硬件结构和功耗提出了较高的要求。著名的 GPS 系统就是使用 TOA 技术进行测量。

3. 到达时差(TDOA)

TOA 测距方法简单,易于实现,但为了保证测量精度,必须将测量目标节点和参考节点的时钟进行同步,这在实际的应用中却是一件难事,这是因为进行定位的设备千差万别,要实现同步十分困难。与 TOA 测量方法不同的是 TDOA 测量方法,它与 TOA 方法相比具有对设备同步无要求的特点,仅需所有参考节点之间保持同步即可,此外 TDOA 还有效地避免了因反射体反射抵消了信号产生的测量误差。因此 TDOA 测量方法难度比 TOA 测量方法下降了很多。TDOA 距离测量首先向目标广播一个数据包,参考节点在收到数据包后记录下收到的时刻。假设部署区域存在两个参考节点 a 和 b,它们各自收到数据包的时刻是 t_a 和 t_b,则易知 TDOA 的时间差为 $\Delta t = t_a - t_b$。因此可以很容易计算出未知节点到两参考节点的距离差为 Δd。令目标节点发出数据包的时刻为 t_0,信号在空气中的传播速度为 v,则 $\Delta d = d_a - d_b = v(t_a - t_0) - v(t_b - t_0) = v(t_a - t_b)$。

相对于 TOA 测量方法,TDOA 测量方法并不是很直观,一般而言,基于 TDOA 的定位又被称为双曲定位。基于 TDOA 定位的基本原理:首先,目标节点测量到三个或三个以上参考节点的距离差;其次,将这些距离差组织成关于该目标节点的双曲线方程组;最后,求解该双曲线方程组获得待估节点的坐标位置。TDOA 定位过程如图 1.8 所示,已知参考节点 R_1、R_2、R_3 的坐标分别是 (x_1, y_1)、(x_2, y_2)、(x_3, y_3),而待估计节点的坐标假设是 (x, y)。假设参考节点 R_2、R_3 到参考节点 R_1 的距离差分别是 Δd_{21} 和 Δd_{31},易得双曲线方程

$$\begin{cases} \sqrt{(x_2 - x)^2 + (y_2 - y)^2} - \sqrt{(x_1 - x)^2 + (y_1 - y)^2} = \Delta d_{21} \\ \sqrt{(x_3 - x)^2 + (y_3 - y)^2} - \sqrt{(x_1 - x)^2 + (y_1 - y)^2} = \Delta d_{31} \end{cases} \tag{1.4}$$

求解式(1.4)可得目标节点的解。

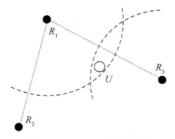

图 1.8　TDOA 定位原理

TDOA 的测量精度通常要高于 TOA 技术,但是两种信号的产生需要额外的硬件支持,TDOA 节点的成本较 TOA 技术的要高。著名的 Cricket 系统[46]和 Ad Hoc

定位系统(Ad Hoc Localization System，AHLoS)定位算法[47]等都是基于 TDOA 的定位算法。

4. 到达角(AOA)

与 TOA、TDOA 定位方法不同，AOA 定位方法属于测向技术，其原理如图 1.9 所示，在定位过程中接收节点利用阵列天线或多个超声波接收器感知信号到达的多个方向，通过计算接收点和发送点之间的相对方位或角度来估计节点之间的距离。

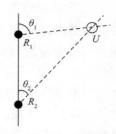

图 1.9　AOA 定位原理

如图 1.9 所示，两参考节点的坐标分别是(x_1, y_1)、(x_2, y_2)，目标节点的坐标是(x, y)，根据测到的角度θ_1、θ_2可以构建方程组，通过解方程组可获得目标节点的估计坐标。

$$\begin{cases} \tan \theta_1 = \dfrac{y_1 - y}{x_1 - x} \\ \tan \theta_2 = \dfrac{y_2 - y}{x_2 - x} \end{cases} \quad (1.5)$$

AOA 定位方法对硬件要求高，容易受到外界环境和非视距关系的影响，且阵列天线或超声波接收器的实现和维护成本很高，不适用于大规模的传感网。

1.3.4　计算节点位置的基本方法

在获取节点间测量数据之后，未知节点以信标节点为参考，通过一定的方法获得未知节点的估计位置。在二维平面里，定位一个未知节点只需三个参考节点，而在三维空间里，定位一个未知节点最少需要四个参考节点[9, 35]。常用的位置计算方法有三边测量法、极大似然估计法和三角测量法。三种位置计算方法如图 1.10 所示。

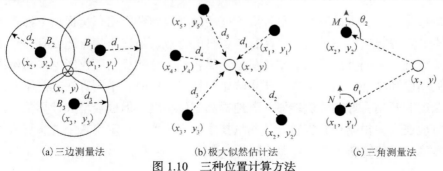

(a) 三边测量法　　　　(b) 极大似然估计法　　　　(c) 三角测量法

图 1.10　三种位置计算方法

1. 三边测量法

二维平面定位至少需要三个信标节点才能估计出未知节点的位置。三边测量定位法的基本原理就是求三个已知半径和圆心坐标的圆的交点。三维定位原理和二维定位原理完全相同，只是增加了一个自由度而需要增加一个约束条件而已。

对于三维空间定位，若已知某点，又能观测到待定点到该点的距离，则此待定的轨迹是一个球面，要唯一确定待定点的位置，至少需测定出四个已知点到它的距离，然后以这四个已知点为球心，以观测到的四个距离为半径做出四个定位球来，三球面可交汇出一根空间曲线，四球面可交汇于一点。由于节点间测距存在误差，实际应用中的三个圆（四个球）往往无法交于一点，所以常使用最小二乘法来估算未知节点的坐标。

2. 极大似然估计法

极大似然估计法也被称为多边测量法，当测量数据符合高斯分布时极大似然法近似等于最小二乘法。与三边定位算法相比较，由于多边形定位算法中存在冗余项，算法具有较强的容错性，因此，多边定位算法可归结为求解超定方程组的过程。

3. 三角测量法

三角测量法的原理是利用三个或三个以上的信标节点在不同位置向未知节点发送定位信息，未知节点探测并记录每个信标节点的方位，然后运用几何原理确定自身的位置。

1.3.5　定位算法的分类

近些年来，国内外研究人员针对不同的硬件设施和应用环境提出了许多传感网节点的定位算法，每种定位算法都有各自的特点，但迄今为止还没有一个通用的分类标准。不同算法采用的定位机制不尽相同，这些机制不仅影响传感网采集数据的精度和功耗，而且会进一步影响定位精度；同时，不同算法具有不同的计算复杂度和开销，好的算法能够显著地提高定位精度，但也会增大计算量，进而影响响应速度。根据现有资料，从测量技术、定位形式、定位效果、实现成本等方面考虑，定位算法大致可以分为以下几类[9, 27, 35]。

1. 基于测距的定位算法和非测距的定位算法

根据是否需要测量实际节点间的距离，定位算法可以分成基于测距的(Range-Based)定位算法和非测距(Range-Free)的定位算法。前者需要测量相邻节点间的距离或方位，并利用实际测得的距离来计算未知节点的位置；后者不需要测量距离或方位，而是利用网络的连接性、多跳路由等信息来估计节点的位置。

2. 基于信标节点定位和信标节点无关的定位算法

根据定位过程中是否使用信标节点，算法可以分为基于信标节点(Beacon-Based)的定位算法和信标节点无关(Beacon-Free)的定位算法。前者以信标节点作为定位中的参考点，各个节点定位后产生整体的绝对坐标系统；后者定位过程中无需信标节点参与，仅需要知道节点之间的相对位置，然后各个节点以自身作为参考节点，将邻居节点纳入自己的坐标系统，相邻的坐标系统依次合并转换，最后得到整体的相对坐标系统。

3. 递增式定位算法和并发式定位算法

根据节点定位的先后顺序，定位算法可以分成递增式(Incremental)定位算法和并发式(Concurrent)定位算法。前者从信标节点开始，信标节点附近的节点首先开始定位，依次向外延伸，各节点逐次进行定位；后者所有节点同时进行位置计算。当网络中节点较多，信标节点较少，覆盖范围较广时，采用递增式定位算法较为合理，且递增式定位算法适用于分布式网络，具有较强的可扩展性。但在物理测量存在较大的误差时，累积误差十分严重，因而，使用递增式定位算法需要采取一定方法加以抑制累积误差。大多数的定位算法都是并发式的，并发式定位算法要求节点通信范围较大，因而需要能量较高，不适用于大型传感网。

除了上面介绍的三种分类方法，定位算法的分类方法还有很多，如根据定位过程中是否需要把信息传送到某个中心点进行计算，定位算法可以分成集中式定位算法和分布式定位算法；根据定位算法所需信息的粒度，定位算法可以分成细粒度(Fine-Grained)定位算法和粗粒度(Coarse-Grained)定位算法等。王成群[52]、Pan等[53]还将定位算法分成非学习模型(Learning-Free Model)的定位算法和基于学习模型(Learning-Based Model)的定位算法。基于学习模型的定位算法是利用邻近节点间的相似性将定位问题转变为分类、降维、流行学习问题，它利用网络中所有节点的分布特性与测量信息之间的关系来挖掘节点之间的位置关系，进而估计未知节点的坐标。基于学习模型的定位算法通常包括两个步骤：①利用节点之间的相似度或不相似度训练一个预测模型；②利用预测模型来估计节点的相对坐标或绝对坐标。基于学习模型的定位算法能从给定数据中发现数据规律，已成为诸多领域数据分析和建模的有效工具。同时，它具有对测量噪声不敏感、对测量手段要求不高、定位精度高等特性，是近年来定位算法的研究热点。

1.4　国内外研究情况和本书研究的主要内容

1.4.1　国内外研究现状及发展动态

鉴于中短程无线定位算法研究的重要性及困难性，许多高等院校、研究机构及科技公司都对其展开了广泛而深层次的研究和探索。并在当前国际上一些无线网络、普适计算、信号处理、仪器仪表及机器学习的权威期刊和会议上，发表了众多高水平的学术论文，获得了丰硕的研究成果。罗格斯大学的 Niculescu 等[54]，犹他大学的 Patwari[55]，密苏里大学的 Shang 等[56]，伊利诺伊理工大学的 Yang 等[36]，南洋理工大学的 Li 和 Liu[57]，香港科技大学的杨强，清华大学的杨铮等[35]分别从不同的角度对无线定位算法进行了比较全面的综述。近年来，哈佛大学的 Kung 等[58]，德国达姆施塔特工业大学的 Yin[59]，香港理工大学的 Xiao 等[60]，浙江大学的 Chen 等[61]，东北大学的程龙和王岩[9]分别从不同的角度对无线定位方法进行了系统的对比和分析。

1.4.2　本书研究的主要内容

1. 研究思路

与众多科学发展轨迹一样，传感网定位技术仍然存在诸多技术难题亟待解决。如何设计高效率、高精度的定位算法一直都是传感网研究中的热点问题之一。科研人员对传感网定位的研究有多年历史，但是目前并没有一个定位系统或算法具有很好的实用性。通过查阅国内外相关文献资料，已经被提出的定位算法绝大多数都具有自身的适应条件和局限性，总的来说存在以下四方面中的一种或几种不足。

(1)对测距噪声敏感。由于传感网节点部署环境复杂多变，节点自身和外部等因素导致信号的波动性很大，当信号数据中混有极个别的较大误差时，在位置估计计算时，估计值被拉向误差项大的项，也就是说误差项大的作用被提高，最终导致定位算法的性能被降低，体现出较弱的抗差性能。

(2)算法的自适应性和稳定性较差。传感网节点通常是用飞机等工具随机地部署在人员难以到达的被监测区域内，因此节点分布具有随意性。随后又有部分节点失电或有新节点加入网络，造成监测区域内节点的拓扑分布时常变化，在参考节点拓扑成共线或近似共线时可能会导致估计计算不可解或解的误差极大。

(3)信标节点比例过大。受能量和发射功率的制约，节点的通信半径一般不大，为了获得较高的定位覆盖率和精度，必须增加信标节点的比例。信标节点比例的增加，必然引起传感网部署成本的增大。同时为了避免测量不准确，常需要对不同场景进行人为训练标定，过多的信标节点必然消耗大量人力劳动。

(4)对硬件依赖过大。基于 TDOA 或 TOA 的测量技术精度较高，但是需要相应的硬件来支持，且耗电量大，增加了节点自身的成本，不适用于大规模传感网。若借助如 RFID 等近距离传感器，则需要大量成本对环境进行改造，且对移动终端也提出新的配置要求。

基于上面提到的现有定位算法存在的不足，本书针对定位算法所面临的挑战和瓶颈，从定位问题自身入手，以减少定位算法对硬件的依赖性、减少定位过程中使用的信标节点的数目、降低测量误差对定位精度的影响和提高算法自适应性为目标，采取多种措施来设计定位精度高、自适应能力强的定位算法。

2. 全书组织结构

本书针对节点位置估计过程在不同场景下所出现的问题，在第 2 章至第 8 章，分别提出六类定位算法，即基于中位数加权的测距定位算法、基于定位单元形状判断和多元分析的定位算法、利用多元分析的递增定位算法和基于核稀疏保持投影(Kernel Sparsity Preserving Projections，KSPP)的定位算法、利用规则化迭代重加权最小二乘的递增定位算法、基于核岭回归的多跳定位算法。本书共分为 9 章，具体如下。

第 1 章首先阐明本书的研究背景和研究意义，回顾并分析了传感网国内外研究情况，概括分析了传感网的结构、特点、应用及关键技术。随后，主要介绍了传感网关键技术中的节点定位技术，就当前节点定位技术中的主要算法进行了分析介绍。最后概述了本书的主要研究内容和创新点及本书的结构安排。

第 2 章提出基于中位数加权的测距传感网定位算法，算法在分析测量数据误差类型的基础上以中位数为平衡点分别赋予不同测量值相应的权值，通过加权方法获得节点间的较为可靠、真实的测量值，进而使定位算法具有较强的鲁棒性和较高的定位精度。

第 3 章提出基于定位单元形状判别和多元分析的两种解决多重共线性问题的定位算法。本章在第一部分在定位单元形状判别算法中首先分析了二维、三维环境下不同的参考点拓扑形状对定位结果造成的影响,在此基础上给出多种不良定位单元形状,以此为基础给出量化标准,并在定位过程中通过设定一定的阈值排除不良定位单元对定位的影响。本章的第二部分采用对信标节点坐标矩阵进行多元降维分析的方法对定位单元数据进行重新构造,去除信噪比低的数据,同样该算法也能有效地避免多重共线的影响。

第 4 章提出一种兼顾异方差和多重共线性问题的递增式定位算法。该算法利用典型相关回归规避多重共线性和新增信标节点误差问题,并在此基础上利用可行加权最小二乘法减少异方差的影响。

第 5 章提出一种改进的多跳递增定位算法。考虑到递增定位受累积误差所产生的异方差问题和节点间共线问题的影响,本章提出一种兼顾异方差和共线问题的递增式定位算法。该算法利用迭代重加权方法减少异方差的影响,用规则化的方法避免节点间的共线问题。仿真实验结果表明,所提出的算法与以往的递增式定位算法相比不仅能够较好地解决异方差的问题,能获得很高的定位精度,还兼顾定位过程中共线问题对定位计算的影响,因而该算法适用于不同的监测区域,具有较高的适应能力。

第 6 章提出基于线性规则化的多跳定位算法。在实际应用中,多跳定位受到固定或移动物体的遮挡,使得网络呈现拓扑各向异性问题。算法通过构建跳数—距离映射关系,将定位中未知节点到参考节点距离测量视为一种回归预测过程。该方法采用具有很高泛化能力的线性规则化获取参考节点间跳数—距离映射关系,进而利用这个映射关系预测未知节点到参考节点的距离。算法能有效地避免网络拓扑各向异性对定位造成的影响,算法计算开销小,无需设定复杂的参数,且定位精度高。仿真实验结果表明,与以往类似算法相比,该算法能够获得很快的定位速度和较高的定位精度。

第 7 章提出基于非线性规则化的多跳定位算法。在复杂场景下,多跳定位不仅仅受到拓扑各向异性的影响,还受到跳数—距离模糊关系问题的影响。算法视跳数—距离关系为一种非线性关系,采用运算简单的核岭回归方法构建两者之间的映射关系。算法不仅能有效避免拓扑形状变化造成的各向异性问题,还能有效避免跳数—距离模糊关系。仿真实验和真实环境定位实验都表明,与以往类似算法相比,该算法能够获得很快的定位速度和较高的定位精度。

第 8 章提出一种基于核方法的稀疏保持投影定位算法。该算法利用节点间的信号强度矩阵并通过核函数度量节点间的相似度,再利用稀疏表示自动获取节点间的邻近图，将定位问题转变成图上的降维问题，通过保持算法进一步保持节点间的关系。算法采用图构建节点间的相对位置，避免了噪声的影响；在自适应的获取邻接关系后，将未知节点的位置交予通信半径内所有节点决定，因而对参考节点数量要求少；核函数的利用避免了测量数据的非线性问题。

第 9 章对本书的研究进行总结，并对今后的研究方向加以展望。

2 基于中位数加权的测距传感网定位算法

2.1 概 述

根据定位过程中是否测量节点间的距离，可以把传感网定位算法分为基于测距定位算法和非测距定位算法[8, 9, 35, 50]。测距算法通过测量节点间的距离或角度信息，通过使用三边测量法、三角测量法或极大似然估计法等计算方法估计未知节点的位置。而非测距定位算法无需距离或角度信息，仅依据网络的连通性等信息实现节点的定位。

一般认为基于测距技术的定位算法精度高于非测距定位算法，而基于测距定位算法的性能受制于测距技术。传感网的测距方法常借助红外线、声波、无线电波等传输介质对距离进行估计，常见的测距技术有基于到达时间(TOA)、到达时差(TDOA)、到达角(AOA)和接收信号强度指示(RSSI)等方法。出于实用性、成本、耗电量等因素的考虑，研究人员往往采用低成本的 RSSI 测距技术进行节点间距离的估计，并且已有很多基于此项技术的研究成果。

RSSI 测距技术工作原理[39]是依据信号在传播中的衰减与距离呈一定的比例关系，通过采集到的 RSSI 值估计出相应的距离。RSSI 测量数据可以在每个数据交流中获取，并不占有额外的带宽和能量。且使用 RSSI 测量位置信息的硬件相对简单、便宜。正是因为如此，使用 RSSI 测量数据进行定位在定位研究中已成为热点研究方向。然而，RSSI 测量易受环境的影响，且节点间的传播路径非常复杂，这使得获取的 RSSI 信号数据常受到诸如反射、折射、多径转播、天线增益、障碍物遮挡等环境因素的影响[39]，若不对这些误差进行有效的抑制和处理，有时能产生±50%的测距误差[62]。因此，如何消除 RSSI 对噪声的敏感性，是传感网定位方案设计和实现的基础与难点，且对节点覆盖范围、邻居节点度等重要网络参数有着直接影响。

为了提高测距精度，促进定位性能，众多学者开展了研究，并提出了多种解决方案。特别是近年来，鲁棒估计(Robust Estimation)的深入发展使得利用这项先进技术提高定位精度成为可能。为了避免单次采集的 RSSI 信号数据不准确，有学者[63, 64]在测距阶段采用均值平滑的方法对采集到的 RSSI 信号进行处理，即在节点采集一组(n 个)RSSI 信号值之后，然后求这组数据的平均值。该方法可以通过调节信号采集的数量来平衡实时性与精确性，当采集数量 n 很大时可以有效解决测量数据的随机性，但很明显计算量和能量消耗也会相应增加。另外，当采集时间过长时，为了得到优化 RSSI 值，还需要实时测定环境的衰减因子。在对获取的 RSSI 数据分析后，我们可以看到，采集数据中常常包含随机误差和粗差两种性质不同的误差[65]：①数量较多但幅度较小的误差，被称为随机误差，其产生取决于测量过程中一系列随机因素的影响。所谓随机因素是指测量过程中无法严格控制的因素，如仪器内部器件噪声或 A/D 量化噪声、测量时的读数误差等。随机误差的存在是不可避免的，而且在同一条件下重复进行的各次测量中，随机误差或大或小，或正或负，各有其特点而不相雷同。因此，随机误差就个体而言是无规律的，不能通过实验的方法消除。但是在等精度条件下，只要测量的次数足够多，那么就能消除其对测量结果的影响。②粗差(Outliers or Gross Error)泛指离群的误差，粗差就其数值而言往往大大地超过同样测量条件下的随机误差，它可能是由外部环境的偶然事件(如人或其他移动物体在节点之间移动)、强烈噪声或是恶意攻击引起的突变性扰动。这些误差幅度较大但数量较少，但它严重地歪曲了测量结果，使得测量结果完全不可信赖。因此，粗差一经发现，必须进行处理。

均值的方法能有效地消除大量小误差的影响，但当数据中出现粗差时测量数据的准确性大大降低，这是因为粗差的出现使得测量数据不再符合正态分布，而是一个分布的集合[65, 66]，对于这样包含多种分布的数据，再利用传统优化估计难以获得最优估计。Huber 和 Ronchetti[67]曾对包含不同数量的粗差数据进行统计分析，他发现当 1000 个数据中仅包含两个粗差时，均值估计方法竟然不可使用。可见粗差往往带来严重的后果，影响获取正确的估计值，因此，有效地处理粗差的干扰对获取正确的估计值尤为重要。Yang 等[38]通过实验发现，一台静止的接收机在 1 分钟内接收到的信号强度衰减(RSSI)出现 5dB 的波动；而 Yang 等[36, 37]认为在某段时间内这种波动符合正态分布，在应用中他们用取一段时间内采集信号均值的方法规避这种波动，而对时间段长度的选取却是凭借开发者的经验。李方敏则在实验中发现，在不同的地点、时间、温湿度环境相同距离下信号的衰减也不相同[17]。如图 2.1 所示，在实际实验中两节点长时间采集 RSSI 信号值，其中，图 2.1(a)显示的是在一周内每天的同一时间段，相隔 5m 距离的两节点采集的 RSSI

信号值，而图 2.1(b)显示的一天内连续的采集 RSSI 数值。从图中可以发现，同样设备在同样距离采集的数据值变化不完全符合正态分布(仅局部某个时间段符合正态分布)，若选择的时间段内信号不符合正态分布，势必影响定位性能。

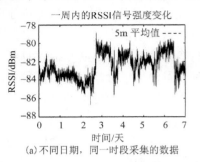
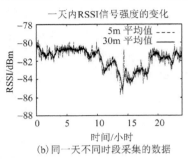

(a)不同日期，同一时段采集的数据　　　　　(b)同一天不同时段采集的数据

图 2.1　不同环境下 RSSI 数据的采集变化曲线

有学者[68]根据概率论中 3Sigma 原理对采集的信号数据进行处理，即一个节点在同一位置收到的一组 RSSI 信号中，必然存在着小概率事件，选取高概率发生区的 RSSI 信号值取几何均值，这种做法减少了一些小概率、大干扰事件对整体测量的影响，增强了定位信息的准确性，在一定程度上提高了测量精度。但 3Sigma 方法假设所处理的数据符合正态分布，且认为粗差出现的比例不高(其概率密度小于 0.3%，而有统计学家指出在生产实际和科学实验中，粗差比例占测量数据的 1%～10%[69])，因此在实际环境中，使用 3Sigma 平滑粗差效果并不理想。Liu 等[70]和 Li 等[71]利用最小中位数二乘估计(Least Median Square，LMS)法对未知节点进行估计。LMS 方法将中位数与最小二乘相结合，其中，中位数[72]具有较高的鲁棒性和容错能力，且中位数是拉普拉斯分布的极大似然估计，从整体抗差能力而言，中位数是目前统计估计中抗差能力最强的一种鲁棒估计，理论上它能够抵抗含 50%粗差的数据。但 LMS 方法仅选择序列中排在中间的数据，进而将粗差数据排除在选择之外，忽略了序列中的其他数据。此外，基于 LMS 的定位方法仅适合于测量数据中含粗差的情况，而当数据序列里不含粗差时其效果还不如普通最小二乘(Ordinary Least Square，OLS)法，为此 Li 等在使用 LMS 方法进行定位时设定了一个误差方差比阈值来判定是需要使用 LMS 方法还是 OLS 方法。但我们发现在实际环境中，测量误差的方差事先是不知道的，那么在真实应用中很难决定选择使用 LMS 方法还是 OLS 方法。Kung 等[58]在对信号值选取时，采用另一种取值方式，即取一段时间内信号值排序后的中位数。该取值方式借鉴中位数具有较高的鲁棒性和容错能力，它不受分布数列的极大或极小值影响，从而在一定程度上提高了它对分布数列的代表性。但仅取中位数的方法，仅选择序列中

排在中间的数据，当次数据分布偏态时，中位数的代表性会受到影响，且仅取中位数方法有可能会导致重要的隐藏信息丢失。

在实际应用中，传感网节点所获取的 RSSI 数据中所包含粗差数据并不一定是执行错误所致，可能是固有的信号数据变异的结果，简单地剔除它们，有可能会导致重要的隐藏信息丢失，显然对待传感网节点获取的包含有粗差的数据也不应当与正常数据一样。对待含有粗差或不含粗差的数据较为合理的做法：根据不同性质误差出现的分布概率，分别赋予相应权值以减少异常数据的影响，同时平滑随机误差。

本章致力于实际环境中基于信号强度定位问题的研究，为了降低测距信号误差对定位精度的影响，提出了基于中位数加权的测距定位 (Location Estimation-Weighted Median，LE-WM) 算法。算法受到中位数具有强大抗差能力的启发，以中位数为平衡点，充分利用每次测量所获取的信号数据。实验仿真结果表明，与基于均值平滑的定位算法、3Sigma 平滑定位算法等同类方法相比，基于中位数的加权定位算法能够获得很高的定位精度，并且受测距误差的影响较小，当粗差比例高达 50%时依然可以获得很高的定位精度；而当粗差不出现时其定位效果与均值平滑几乎一样。

本章的组织结构如下：2.2 节介绍测距模型；2.3 节介绍中位数加权的距离估计方法；2.4 节给出基于中位数加权的定位方法；2.5 节是本章的实验部分，对本章所提出的 LE-WM 定位算法进行性能测试并与同类算法相比较；2.6 节对本章进行总结。

2.2　传感网的测距模型

无线信道传播模型是传感网方案设计和实现的基础与难点，特别是在网络方案的规划、仿真和优化等阶段，无线信道传播模型对节点覆盖范围、邻居节点度和位置信息等重要网络参数有着直接影响，获得能真实反映实际无线信道特征的信道模型是设计高效可靠的传感网方案的前提。

接收信号强度指示 (RSSI) 定位方法的测距方式是通过信号衰落与距离之间的关系来实现测距的。RSSI 数值是一种指示当前介质中电磁波能量大小的数值，单位为 dBm。接收节点可以根据接收到的信号强度，计算信号在传播中的损耗，使用理论或经验的信号传播模型将损耗转化为距离。由于传感网节点本身就具有无线通信能力，所以这种方法是一种低功率、廉价的测距技术。常用的 RSSI 传播模型[73]有自由空间传播（Free Space Propagation Model）、地面反射（双线）[Ground Reflection（Two-Ray）Model]、对数距离路径损耗（Log-Distance Path Loss Model）及对数正态阴影（Log-Normal Shadowing Model）。

在实际应用中情况复杂得多，尤其在分布密集的传感网中。反射、多径传播、非视距、天线增益等问题都会使相同距离产生显著不同的传播损耗。对数距离路径损耗模型和对数正态阴影模型是两种符合传感网使用的路径损耗估计模型，它们都描述了路径损耗对数的特征。前者是一个确定性的模型，并描述了信号强度的平均特征，而后者描述了在传播路径上具有相同距离时，不同的随机阴影效果。对数正态阴影模型常被用在无线通信系统设计和分析过程中，从而对任意位置的接收功率进行计算仿真。本书使用对数正态阴影模型作为仿真模型以验证算法的可靠性。其计算公式如公式（1.2）所示。目前有很多通信控制芯片（如装备有德州仪器的 ZigBee SoC 射频芯片 CC2530 节点），节点外观如图 2.2 所示。

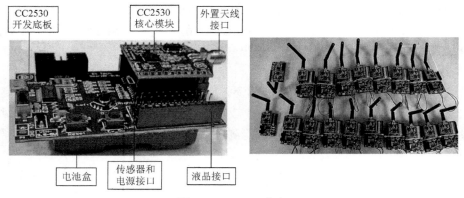

图 2.2　CC2530 节点

2.3　基于中位数加权的距离估计方法

传感网节点一般由飞机等工具随机地部署在复杂环境中，由于监测区域内环境复杂，受到监测区域内障碍物阻挡、多径及阴影衰落等环境因素影响，节点接收到的 RSSI 信号数据中常包含粗差，使用这样的测量数据常使得转化获得距离值失真，进而导致最终的定位精度严重偏离实际值。以往矫正方法仅对节点间多次 RSSI 测量值求平均或利用 3Sigma 原理选取部分数据，这些方法过于简单，且很难从根本上避免粗差的影响，使得最终的定位结果不理想。这是由于当粗差存在时，获得 RSSI 数据值不再服从正态分布，草率地剔除掉粗差或直接对数据求平均都不适合。在借鉴中位数具有很强抗差性的基础上，本书针对实际典型环境的定位问题，首先在两两节点之间通信交流一段时间，并获取一定数量 RSSI 数据后，在信号序列中，找到 RSSI 信号强度的中位数值，再对信号序列中每一信号强度都以此中位数为基础计算其权值，最后让各个信号与相应权值相乘再求和，作为两节点之间的 RSSI 信号值并输出。本书提出的基于中位数加权的距离估计方法主要包含数据采样、获取信号序列中位数、计算权值和估计距离四个步骤，具体如下。

1. 数据采样

首先，信标节点向邻居节点广播自身位置信息分组，分组中包含了信标节点的 ID 及 RSSI 数据等信息，在传感网节点通信范围内，未知节点接收到分组信息，并自动将分组信息里的 RSSI 数据作为信号的传播损耗。为了得到节点间 RSSI 的分布特性，我们需要在某一个时间段内多次采样。节点对间 RSSI 信号序列定义为"信标节点广播 n 次信息后，在其通信半径内的未知节点收到这 n 次广播信息，并提取其中的 RSSI 数据，组成序列 $RSSI_1$，$RSSI_2$，$\cdots$，$RSSI_n$"。

2. 获取信号序列中位数

对获取的信号序列取中位数，中位数表示一组数据按照大小的顺序排列时，处于中间位置的数值[67]。在未知节点收到相邻信标节点发出的 n 次 RSSI 数据后，对信号序列数据进行统计计算，首先每个未知节点将其获取的 RSSI 信号序列按数值的大小进行排序，得到新的排序 $RSSI_1 \leqslant RSSI_2 \leqslant \cdots \leqslant RSSI_n$，则每个序列的中位数 Med_{RSSI} 可由

$$Med_{RSSI} = \begin{cases} RSSI_{(n+1)/2}, & n\text{是奇数} \\ \dfrac{1}{2}(RSSI_{n/2} + RSSI_{(1+n/2)}), & n\text{是偶数} \end{cases} \quad (2.1)$$

求得。

3. 计算权值

在上述获取信号序列中位数的基础上，首先求出每个 RSSI 信号序列中的每个 RSSI 信号数值与该序列中位数的方差，方差的计算如下

$$Var_i = (RSSI_i - Med_{RSSI})^2 \quad (2.2)$$

其次，为了避免序列中存在某个 RSSI 信号值与序列的中位数相同，造成方差为零，计算未归一化的加权系数，可以按下列公式进行计算

$$R_i = 1 / (1 + \text{Var}_i) \tag{2.3}$$

然后，对所有通过上述公式求得加权系数求和并归一化加权系数，公式如下

$$w_i = R_i \Big/ \sum_{i=1}^{n} R_i \tag{2.4}$$

当序列中的 RSSI 数值和中位数 Med_{RSSI} 相差越大，相对应的加权系数 w_i 就越小，而当 RSSI 数值和 Med_{RSSI} 相等时，加权系数 w_i 最大，则此时相应的 RSSI 值被赋予最大权重。由于直接利用序列里的 RSSI 数值和中位数 Med_{RSSI} 之间的差值来决定权值的大小，当序列中某些包含有粗差的 RSSI 信号数值与序列的中位数数值过于接近时，有可能赋予这些 RSSI 信号过大的权值，造成算法性能下降。为此我们设定一个阈值 T，若方差大于阈值，则权值由方差决定；若方差小于阈值，则由阈值决定。则每个序列中各个 RSSI 信号的权值可按下式计算

$$w_i = \frac{\dfrac{1}{1 + \max\left\{T, (\text{RSSI}_i - \text{Med}_{\text{RSSI}})^2\right\}}}{\sum_{i=1}^{n} \dfrac{1}{1 + \max\left\{T, (\text{RSSI}_i - \text{Med}_{\text{RSSI}})^2\right\}}} \tag{2.5}$$

其中，T 是 RSSI 信号序列中的各个信号值与中值的方差的均值，称其为阈值，可由下式表示

$$T = \frac{\sum_{i=1}^{n} (\text{RSSI}_i - \text{Med}_{\text{RSSI}})^2}{n} \tag{2.6}$$

其中，RSSI_i 是区域内第 i 个 RSSI 信号值，可以看出，RSSI_i 和 Med_{RSSI} 相差越大，相对应的加权系数 w 越小，而 T 是随着 RSSI_i 和 Med_{RSSI} 的方差而变化的。

4. 估计距离

利用步骤 3 中的方法获取信号序列中每个信号值相应的权值，将信号序列中每一信号值与相应的加权系数相乘并求和，即 $\sum_{i=1}^{n} w_i \times \text{RSSI}_i$，把它作为节点对之间的 RSSI 信号值输出，使用 RSSI 测距公式 (1.2) 计算出信标点到未知位置节点的距离。

算法在步骤 2 中找到信号序列中 RSSI 信号数据的中位数，中位数为一个按照数据大小的顺序排列的序列中处于中间位置的数值，它与平均数类似都是为了寻找一组数据的均衡点。但是均值受极端值的影响很大，个别的极端值会直接影响均值的变化，不如中位数稳定。因此，中位数适合作为存在极端数据的均衡点。而后我们对信号序列中每一信号强度都以此中位数为基础计算其权值，其中权值的计算应该满足：如果序列中某次的信号数据值越接近该序列中的中位数，则相应地其权值也越大，如果某次数据值为含粗差的 RSSI 信号，则其信号强度值应该和该序列内的中位数相差较大，因此赋予的权值相对较小。

使用这种处理方法的好处如下：①以中值为基础计算权值时，给包含粗差信号的 RSSI 值赋予非常小的权值，累加时含粗差信号的 RSSI 值可以忽略，滤除一部分粗差信号点，且没有简单删除粗差数据；②做累加类似于使用均值模型，可以滤除一部分随机噪声；③算法适用于不同的复杂环境，从而增强了算法的适用性。

2.4 节点坐标估计

基于中位数加权的测距定位方法，其定位过程分为两个阶段，即距离测量阶段和定位阶段。

(1)距离测量阶段：通过信标节点可控的洪泛方法发射信号数据，在未知节点接收一段时间后利用 2.3 节所述方法获取节点间的信号衰落值，通过经验公式转化成相应的距离。

(2)定位阶段：在获取节点间距离后利用如三边法、极大似然估计法或其改进方法估计未知节点位置。

本章中，考虑由 n 个节点 X_i ($i=1,2,\cdots,n$) 组成的传感网 $\{X_1, X_2, \cdots, X_n\}$ 部署在 $d(d=2,3)$ 维的监测区域中。节点的 ID 分别是 $1,2,\cdots,n$，节点 X_i 的真实坐标是 $\boldsymbol{x}_i$，$\boldsymbol{X} = [\boldsymbol{x}_1, \boldsymbol{x}_2, \cdots, \boldsymbol{x}_n]^T$ 是节点坐标矩阵。设 n 个节点中前 $m(m \ll n)$ 个节点是信标节点，并令 $\boldsymbol{X}_b = [\boldsymbol{x}_1, \boldsymbol{x}_2, \cdots, \boldsymbol{x}_m]^T$ 是信标节点的坐标矩阵。节点定位的目的是计算未知节点坐标的估计值 $\hat{\boldsymbol{x}}_i$ ($i = m+1, m+2, \cdots, n$)，使得估计坐标 $\hat{\boldsymbol{x}}_i$ 尽可能地接近未知节点的真实坐标 $\boldsymbol{x}_i$。

假设在二维(三维推导类似)的部署区域内，未知节点 U 在其有效通信半径内收到 $n(n \geqslant 3)$ 个以上信标节点信号，在经过中位数加权距离估计获得其到信标节点距离后，信标节点与未知节点间存在坐标一距离关系等式，即

$$
\begin{cases}
(x - x_1)^2 + (y - y_1)^2 = d_1^2 \\
(x - x_2)^2 + (y - y_2)^2 = d_2^2 \\
\qquad\qquad\vdots \\
(x - x_n)^2 + (y - y_n)^2 = d_n^2
\end{cases}
\tag{2.7}
$$

其中，(x, y) 是未知节点的坐标，$(x_1, y_1), (x_2, y_2), \cdots, (x_n, y_n)$ 是信标节点坐标。若第 1 至第 $n-1$ 个等式分别与第 n 个等式相减，可得到

$$
\begin{cases}
2(x_n - x_1)x + 2(y_n - y_1)y = d_1^2 - d_n^2 + y_n^2 + x_n^2 - y_1^2 - x_1^2 \\
2(x_n - x_2)x + 2(y_n - y_2)y = d_2^2 - d_n^2 + y_n^2 + x_n^2 - y_2^2 - x_2^2 \\
\qquad\qquad\vdots \\
2(x_n - x_{n-1})x + 2(y_n - y_{n-1})y = d_{n-1}^2 - d_n^2 + y_n^2 + x_n^2 - y_{n-1}^2 - x_{n-1}^2
\end{cases}
\tag{2.8}
$$

令

$$
A = 2 \times
\begin{bmatrix}
(x_1 - x_n) & (y_1 - y_n) \\
(x_2 - x_n) & (y_2 - y_n) \\
\vdots & \vdots \\
(x_{n-1} - x_n) & (y_{n-1} - y_n)
\end{bmatrix}
\tag{2.9}
$$

$$
b =
\begin{bmatrix}
x_1^2 - x_n^2 + y_1^2 - y_n^2 + d_n^2 - d_1^2 \\
x_2^2 - x_n^2 + y_2^2 - y_n^2 + d_n^2 - d_2^2 \\
\vdots \\
x_{n-1}^2 - x_n^2 + y_{n-1}^2 - y_n^2 + d_n^2 - d_{n-1}^2
\end{bmatrix}
\tag{2.10}
$$

$$
x =
\begin{bmatrix}
x \\
y
\end{bmatrix}
\tag{2.11}
$$

上述方程组可以转化为 $Ax = b$ 的形式。测距过程虽然进行过降噪处理，但在实际环境下距离测量总是存在一定的误差，则等式可以表示为

$$
Ax = b + \xi
\tag{2.12}
$$

为了获得未知节点位置的最优解，我们使用误差的平方和作为判断标准，这样存在一个损失方程 $S(x)$，其方程为

$$
\begin{aligned}
S(x) &= \|\xi\|^2 = \|Ax - b\|^2 \\
&= (Ax - b)^{\mathrm{T}}(Ax - b) = x^{\mathrm{T}} A^{\mathrm{T}} A x - 2b^{\mathrm{T}} Ax + b^{\mathrm{T}} b
\end{aligned}
\tag{2.13}
$$

为了获得最优解，我们对损失方程求偏导并设其等于 0，得

$$
\partial \|\xi\|^2 / \partial x = -2A^{\mathrm{T}} b + 2A^{\mathrm{T}} A x = 0
$$

有

$$A^{\mathrm{T}}b = A^{\mathrm{T}}Ax \tag{2.14}$$

若信标节点不在一条直线上，则方阵 $A^{\mathrm{T}}A$ 可逆时，由式 (2.14) 获得未知节点估计坐标

$$\hat{x} = (A^{\mathrm{T}}A)^{-1}A^{\mathrm{T}}b \tag{2.15}$$

基于 LE-WM 算法流程见算法 2.1。

算法 2.1 基于中位数加权的定位算法 (LE-WM)

输入：	未知节点接收到的信号强度 $\{s(x_i, x_j)\}, i = 1, 2, \cdots, m, j = m+1, \cdots, n$
	信标节点坐标 $\{x_1, x_2, \cdots, x_m\} (m \geqslant 3)$
输出：	未知节点的估计坐标 $\{\hat{x}_{m+1}, \hat{x}_{m+2}, \cdots, \hat{x}_n\}$
1.	信标节点通过可控的洪泛向外发布自身所处的位置信息，未知节点在获取到 3 个以上的信标节点后，在一段时间内多次采集信标节点发来的信息，并从中取出信号强度 RSSI
2.	对未知节点采集并缓存的 RSSI 信号值排序，根据公式 (2.1) 找出每个序列里的中位数
3.	基于每个序列的中位数，根据公式 (2.5) 计算出各个 RSSI 相对应的权值
4.	对权值归一化，归一化后的权值与其对应的 RSSI 值相乘并求和作为信标节点与未知节点间的 RSSI 数据，再利用距离转换公式 (1.2) 将 RSSI 值转为相应的距离
5.	利用式 (2.15) 估计出未知节点坐标

2.5 实验与仿真

传感网具有规模大的特点，验证一个定位算法可能需要部署成百上千个节点，而目前的实验条件下还没有办法实现如此大规模的真实网络。此外，评价一个定位算法的优劣通常还需要在不同场景下验证其适应性，有时还需在某同一场景下调整算法的参数，这些在目前实验条件下都较难实现。因此，在大规模节点定位算法的研究中，通常利用软件仿真的方式评价定位算法的优劣。

本节通过 Matlab 仿真软件来分析和评价基于中位数加权的定位算法的性能。本节实验考虑两种部署环境，即传感网节点分别均匀随机地部署在二维和三维环境下。鉴于每种部署区域场景中单次实验不能反映算法的优劣情况，针对每种实验环境，在其区域内仿真 100 次，每次实验里节点都将重新部署在监测区域内，统计 100 次定位的实验结果，取评价指标的均值作为评价依据。

此外，本节实验还对本章提出的 LE-WM 定位算法、常被用于平滑噪声的均值定位（Location Estimation-Mean，LE-Mean）算法和 3Sigma 定位（Location Estimation-3Sigma，LE-3Sigma）算法进行了比较。实验采用 Patwari 提供的根据实际测量数据所拟合的测距公式。对于测量中的噪声，本章采用增加测量公式中高斯随机变量 X_σ 的方式模拟，X_σ 分布为 $N(0,\sigma^2)$，σ 越大，环境中存在的噪声越严重，实验假设仅有随机误差时 $\sigma/n = 1.7$，粗差出现时 σ 是原先的 4 倍。实验中，粗差的出现占信号交流量的比例为 1%～10%。此外，节点的有效通信半径为 50m。衡量一个定位算法的技术标准有很多[51]，而本章主要考查 RSSI 信号中的随机误差、粗差和信标节点数目对定位性能的影响，因此采用平均定位误差（Average Location Error，ALE）、不可定位节点比例（Non-localizable Nodes Proportion，NNP）这两个性能参数考量算法的性能。

ALE 主要用于验证算法定位的精度，ALE 的定义如下

$$\text{ALE} = \frac{\sum_{i=1}^{n}\sqrt{(\hat{x}_i - x_i)^2 + (\hat{y}_i - y_i)^2}}{n \times R} \times 100\% \tag{2.16}$$

其中的 $(\hat{x}_i, \hat{y}_i)$ 是第 i 个节点的估计坐标位置，(x_i, y_i) 是第 i 个节点的实际坐标位置，n 是未知节点数量，R 是通信半径。从式 (2.16) 可以看出，ALE 是指区域内所有未知节点估计位置到真实位置的欧氏距离的平均误差与通信半径的比值。ALE 能够反映定位算法的稳定性及定位的精度，在节点通信半径一定时，节点的平均定位误差越小则该算法的定位精度越高，反之亦然。

NNP 主要用于验证定位算法的覆盖率，其定义如下

$$\text{NNP} = \frac{n'}{n} \times 100\% \tag{2.17}$$

其中，n 是未知节点数，n' 是所有不可定位节点数量。

2.5.1　二维环境部署

在这组实验中，共有 200 个节点均匀随机地部署在 $120\text{m} \times 120\text{m}$ 的正方形监测区域内，从中选出 m 个节点作为信标节点，并假设它们的坐标事先已知。在分析信标节点个数、粗差比例对平均定位误差、覆盖率的影响之前，首先考察一组最终定位结果。如图 2.3 所示，圆圈表示未知节点，菱形表示信标节点，直线连接未知节点的真实坐标和它的估计坐标，直线越长，表示估计值越偏离真实位置。

在图 2.3 中，信标节点的数目 $m=20$，粗差出现的比例为 7%。由图 2.3(b)可见，LE-Mean 算法最终平均定位误差大约为 12.7%；由图 2.3(c)可见，LE-3Sigma算法最终平均定位误差大约为 5.7%；由图 2.3(d)可见，LE-WM 算法的最终平均定位误差为 2.3%。很明显看出图 2.3(d)中直线长度最短，不可定位节点数量最少；而 LE-Mean 算法定位结果最差，特别在图片中间部位存在三个估计误差很大的节点，这是由于用于估计的信标节点近似共线（将在第 3 章中进行描述），且存在粗差，更加拉大了估计误差；LE-3Sigma 方法消除了部分粗差，因而定位结果优于LE-Mean 算法，但其认为粗差出现的比例仅有 0.3%左右，造成大部分粗差未能消除。

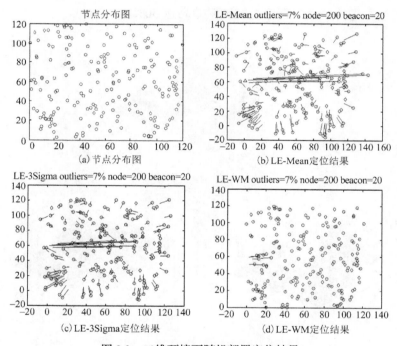

图 2.3 二维环境下随机部署定位结果

二维部署环境中，粗差出现比例和信标节点比例对定位精度的影响如图 2.4所示。实验采用增加测量数据中粗差比例和信标节点比例的方式来模拟定位算法，在实验中信标节点数从 10 增加到 20，粗差出现的比例从 1%增加到 10%。如图 2.4 所示，随着粗差出现比例的增加，三种算法的定位精度都有不同程度的降低。其中，LE-Mean 算法在信标节点比例不高的情况下定位精度普遍较差，且在粗差比例为 10%时误差最大，最大 ALE=30.1%，随着信标节点数量的增多，定位精度得到一定的改善，在粗差不高时最小的 ALE=5.85%，但在同样信标节点数量且粗差出现比例相同的情况下误差明显高于其他两种算法，因而可以得到均值方法对粗差较为敏感。LE-3Sigma 算法在粗差比例出现不高的情况下定位精度较均值方法明显得到改善，但当粗差比例增加时误差显著增大，最大的 ALE出现在粗差比例为 10%，信标节点数为 20 时，ALE=24.05%，可见 LE-3Sigma算法仅适合粗差出现比例不大的情况，而当粗差比例较大时定位效果较差。本书提出的 LE-WM 方法，误差随着粗差出现的比例的增加而增加的趋势较为缓慢且误差都不高，从粗差出现比例为 1%到粗差出现比例为 10%，ALE 最大增幅仅仅为 3%，且相对前两种方法在同样粗差比例和信标节点比例环境下，定位精度均大大提高。因此可以认为本书提出的算法具有较强的抗差能力，适用于部署的环境较为恶劣的场景，理论上能抗粗差高达 50%。

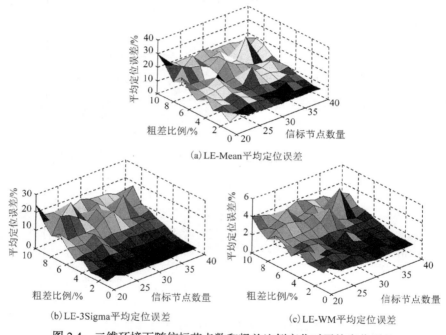

图 2.4　二维环境下随信标节点数和粗差比例变化时平均定位误差

如图 2.4 所示，我们还会发现图中有几处波动，这种现象在信标节点数量相对较多时特别明显，且在同一粗差比例情况下，ALE 并不随着信标节点数量的增加而减少，甚至定位精度远低于信标节点比例高、粗差出现低的定位场景。理论上随着信标节点出现的比例增加定位精度提高，这些波动明显与理论不相符，通过每次实验的跟踪研究，我们会发现造成这些波动的原因：在出现波动时，监测区域内用于定位的信标节点间的拓扑成共线或近似共线状，这与图 2.3 中造成直线最长的原因一致，对于如何解决信标节点间拓扑质量不好的方案将在随后的第3章中给出。

部署区域内不可定位节点比例随着信标节点比例和粗差比例增加而改变的情况如图 2.5 所示。由图 2.5 可知，粗差的存在使得信号强度衰落更厉害，进而使通过信号转换获得的测量距离远远大于实际的距离，常造成本来可以定位的节点变得不可定位，降低节点在监测区域的覆盖。

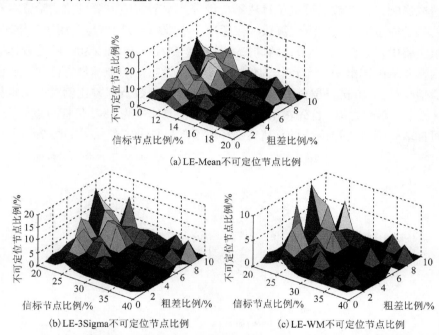

（a）LE-Mean不可定位节点比例

（b）LE-3Sigma不可定位节点比例　　　　　（c）LE-WM不可定位节点比例

图 2.5　二维环境下随信标节点数和粗差比例变化时不可定位节点比例

从图 2.5 可以看出 LE-Mean 算法的不可定位节点比例大于 LE-3Sigma 算法和本书提出的中位数加权方法，且随着粗差比例的增加而增加趋势更加明显；LE-3Sigma 算法在粗差比例较低时不可定位节点比例与 LE-Mean 算法较为接近，而在粗差比例较高时去噪不完全使得测量距离大于实际距离，造成较大的不可定位节点比例，但趋势略小于均值方法；本书提出的 LE-Mean 算法增加趋势较为缓慢。同时，从图 2.5 中可以看出，随着信标节点比例的增加，三种算法的不可定位节点比例都呈现下降的趋势，而信标节点共线问题并未造成不可定位节点比例出现波动的现象。总之，利用本书提出的 LE-WM 算法在二维空间中可以提高节点在恶劣的部署环境下的节点覆盖率。

2.5.2　三维环境部署

　　目前，研究人员所提出大多数定位算法都是基于二维平面，很少有涉及三维空间的定位问题。但是实际环境中传感网节点是经常被部署在三维空间中的，比如多楼层的建筑物里，地面起伏不定的山坡上及水下空间等。三维环境下的定位问题比二维环境下复杂得多，如定位所需信标节点数量增加，地形障碍会对信号传播造成影响，大多数二维定位算法不适用等。本节实验主要目的是验证本章所提出的基于中位数加权的定位算法不仅适用于二维环境，同样也适用于三维环境。在这组实验中，共有 100 个节点均匀随机地部署在 $60\text{m} \times 60\text{m} \times 60\text{m}$ 的立方体监测区域内，并从中选出 m 个节点作为信标节点，假设它们的坐标事先已知，假设节点的通信半径为 40m。同样，我们在分析信标节点个数及粗差比例对平均定位误差、覆盖率的影响之前，首先在某个参数条件(粗差比例为 5%，信标节点数为 14)下随机抽取一组最终定位结果，其三维环境下随机部署定位结果如图 2.6 所示。

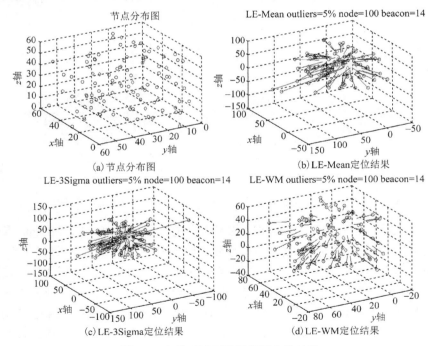

图 2.6　三维环境下随机部署定位结果

　　由图 2.6 可见，LE-Mean 算法的最终平均定位误差大约为 22.78%，有 14 个未知节点不能定位；LE-3Sigma 算法的最终平均定位误差大约为 20.08%，有 8 个未知节点不能定位；LE-WM 算法的最终平均定位误差为 5.95%，没有节点不能定位。从图 2.6(d) 中可以很明显看出本书提出的算法直线长度最短，没有不可定位节点；而 LE-Mean 算法定位结果最差，定位结果图中存在多个位置估计误差很大的节点；LE-3Sigma 算法消除了部分粗差，因而定位结果优于 LE-Mean 算法，但从图中可以看出仍然未能完全消除噪声的影响，个别节点由于信标节点共线加上噪声的影响，产生很大的位置误差。综上所述，LE-WM 算法的定位结果在三种算法中最优。

在三维部署环境中，粗差出现比例和信标节点比例对定位精度的影响情况如图 2.7 所示。这里同样采用增加测量数据中粗差比例和信标节点比例的方式来比较三种定位算法的性能。在实验中信标节点数从 10 增加到 20，粗差出现的比例从 1% 增加到 10%。

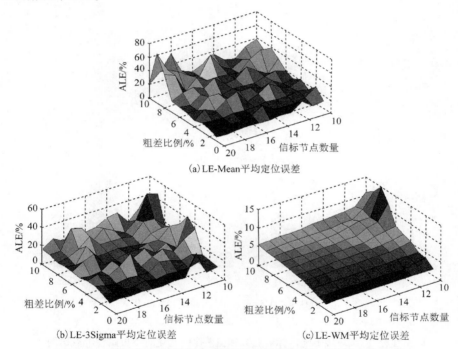

(a) LE-Mean 平均定位误差

(b) LE-3Sigma 平均定位误差

(c) LE-WM 平均定位误差

图 2.7　三维环境下随信标节点数和粗差比例变化时平均定位误差

由图 2.7 可见，实验结果显示 LE-Mean 与 LE-3Sigma 算法随着信标节点数量增多和粗差出现比例降低，精度呈现不规则变化，特别是 LE-Mean 算法，其在粗差比例为 9%，信标节点数为 20 的情况下，ALE 值最大，达到 72.71%，而在信标节点数为 19，粗差比例为 1% 时 ALE 最小，为 5.99%；LE-3Sigma 算法的 ALE 值略小于 LE-Mean 算法，其在粗差比例为 9%，信标节点数为 11 的情况下，ALE 值最大，达到 49.56%，在信标节点数为 20，粗差比例为 1% 时 ALE 最小，值为

5.69%；LE-WM 算法，ALE 数值在相同粗差比例和信标节点数量情况下，普遍小于 LE-Mean 与 LE-3Sigma 算法，且基本上随着信标节点数量增多，粗差比例下降，精度有所改善，其 ALE 最小值为 1.32%，最大值为 14.98%。

　　图 2.8 描述了不可定位节点比例与信标节点数量、粗差比例的关系。LE-WM 算法较好地解决了测距噪声问题，避免了噪声使原本可被测量到的节点漏测，仅在粗差比例较高、信标节点数量较少时存在一定数量不可定位节点；而 LE-Mean 与 LE-3Sigma 算法由于不能从根本上消除噪声的影响，通过相关算法定位后，仍然存在较多的不可定位节点（特别是 LE-Mean 算法），而 LE-3Sigma 算法由于消除了部分噪声，其在粗差比例较低、信标节点数量较多时不可定位节点数量较少。

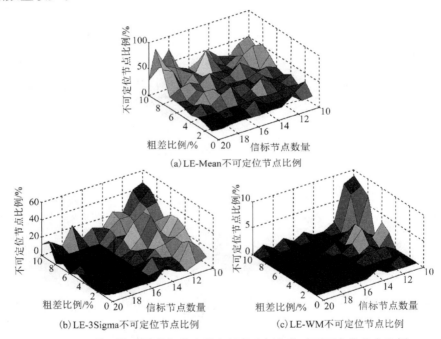

(a) LE-Mean不可定位节点比例

(b) LE-3Sigma不可定位节点比例　　　　　(c) LE-WM不可定位节点比例

图 2.8　三维环境下随信标节点数和粗差比例变化时不可定位节点比例

2.6　本 章 小 结

　　本章在分析 RSSI 信号测量误差类型及借鉴以往去噪定位算法的基础上，提出了一种基于中位数加权的测距定位算法。算法用一段时间内测距信号序列的中位数作为平衡点，通过分别赋予每个信号值相应权值的方法减少粗差的影响，且利用了每次测量数据。从仿真实验和数据分析可以看出，LE-WM 算法效果比以往消除误差的算法模型更理想、覆盖率更高，因而该算法应用的环境更广泛，更适合环境复杂的场景。同样本章所提出的算法也适用于其他统计信号的去噪处理。

3 基于定位单元形状判别和多元分析的定位算法

3.1 概　　述

现有的大多数传感网节点定位过程一般都可分为两个步骤[35]：首先获取节点之间的"距离"，这种距离可以是角度、信号强度、相对距离或是跳距。然后在获得距离信息后以信标节点作为定位的参考点，依据其空间位置推导出其余未知节点的位置。因此，未知节点的最终位置估计精度高低主要受距离的测量和参考节点这两方面的制约。本书在第 2 章提出了基于中位数加权的去除噪声的方法，从实验中我们可以看出基于中位数加权的方法在测距中具有较强的抗差能力，在恶劣环境下仍能获得较为满意的测距精度，但当用于位置估计参考点，即信标节点间的拓扑形状共线或近似共线时，即发生多重共线性现象[55]时，周围未知节点的定位精度较差，甚至会导致监测区域整体的定位精度下降。目前，大多数定位方法都是针对定位过程中测距误差展开研究的，而对于信标节点对定位精度的影响研究人员相对考虑得较少。

本章以信标节点间相对位置对定位精度的影响为主要研究对象，所述内容分为两个部分：第一部分从分析信标节点拓扑质量着手，首先分析二维、三维定位环境下不良定位单元所造成的多重共线性问题，给出不良定位单元形状并对其量化，给出质量判定标准及解决定位单元共线或近似共线所产生的多重共线性问题对定位精度的影响；第二部分从定位单元坐标矩阵着手，采用多元分析方法中的降维方法对用于位置估计的信标节点进行了重构，通过去除信噪比低的数据部分达到减少噪声和消除多重共线性数据的目的。

本章主要内容分两个部分进行安排。第一部分为 3.2 节和 3.3 节：3.2 节对二维、三维定位单元的拓扑质量进行分析；3.3 节在定位单元几何分析的基础上给出二维、三维定位单元质量判断的标准，并给出基于定位单元几何形状的定位算法。

第二部分为 3.4 节和 3.5 节：3.4 节对定位过程中的多重共线性问题从多元分析的角度进行分析，并将主成分分析作为解决多重共线性问题的手段，提出基于多元分析的定位算法；3.5 节利用实验对本章提出的基于定位单元几何形状的定位算法和基于多元分析的定位算法进行验证和比较。3.6 节对本章进行总结。

3.2 信标节点拓扑分析

对于监测区域内某一个未知节点定位而言，理论上说，其可选择的信标节点越多，所获得估计位置越准确[74]。但事实上信标节点之间的几何分布及信标节点与未知节点之间形成的几何结构会很大程度上影响未知节点的定位结果。在二维平面中，一个未知节点位置的确定至少需要三个信标节点，而在三维空间中，由于增加了一个维度，则至少需要四个信标节点才能定位一个未知节点[35]。不失一般性，令最少能确定一个未知节点的信标点组合叫作一个定位单元，定位单元拓扑质量在一定程度上影响着最终的定位结果。在二维平面中，当计算出一个定位单元中每个信标节点到未知节点的距离时，就可以利用三边法或多边法等方法去确定未知节点的位置。但是在计算未知节点到信标节点的距离时，往往存在一定的误差，这使得原本三边定位法中的三个圆并不交于一点，所以要用估算的方法去确定未知节点的位置。但是当定位单元中的三个参考点分布近似于一条直线时，如图 3.1 所示，未知节点 A 和信标节点 L_1、L_2、L_3 的距离已知，在图中三个信标节点组成的定位单元近似在一条直线上，即三点近似共线，利用三边法或极大似然估计法获得的未知节点 A 的估计位置有可能是 A 也有可能是 A'，因而无法确定 A 的实际位置。相关研究表明在二维定位环境中，用于定位的三个信标节点所构成的三角形完全共线时，其获得位置误差甚至有可能达 200%以上[75]。因此，不难理解第 2 章实验中(图 2.1)所出现的未知节点严重偏离真实位置的情况，此时用于估计位置的定位单元共线或近似共线，即多重共线性现象，再在定位单元到未知节点间出现粗差，因而造成严重误差。

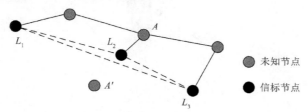

图 3.1 二维平面定位单元近似共线

　　由于二维空间中，组成定位单元的三个信标节点构成一个三角形，因此，多重共线性现象有两种。当三角形三点位于一条直线时，定位过程发生了完全共线，完全共线在实际情况中并不常见。而常发生的是近似共线，发生近似共线的定位单元里至少存在一个较小的角，且其所组成的三角形具有较大的纵横比，即三角形至少具有一个较小的角并且三角形的三个顶点接近共线。很容易得知共有两种这样近似共线的三角形[76]：一种具有一个短边，常被称为 dagger；另一种没有短边，则被称为 blade。这两种三角形的拓扑形状如图 3.2 所示。

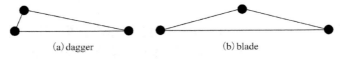

(a) dagger　　　　　　　　　　　(b) blade

图 3.2　　两种近似共线的定位单元形状

　　在三维定位中，若已知某信标节点，又能观测到待定的未知节点至该点的距离，则此待定的轨迹是一个球面，要唯一确定待定点的位置，至少需测定出四个已知点的距离后，以这四个已知点为球心，以观测到的四个距离为半径做出四个定位球来，两个球面可交汇出一条空间曲线，四个球面则可交汇于一点。由于至少需要四个信标节点才能进行三维定位，因此决定三维定位的定位单元为一个四面体。与二维空间类似，四面体拓扑质量的好坏也将影响以它为参考的未知节点定位精度。同样，在现实环境下测距误差不可避免，使得定位单元中的四个球面未必存在交点，当四个信标节点相对位置近似共面时，四个球面的交点有两个，从而难以估算未知节点的位置。如图 3.3 所示，当组成定位单元的信标节点 L_1、L_2、L_3、L_4 在三维空间的几何分布完全共面时，四个球面的交点有两个，即未知节点 A 估计的位置可能是 A，也可能是 A'，因而无法估计节点 A 的位置，其误差也将达 200%以上，若部署环境噪声较大，未知节点 A 的估计位置将远远偏离其真实位置。

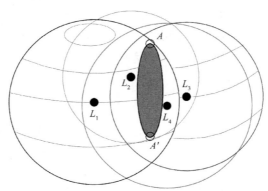

图 3.3　　三维空间定位单元共面

一般认为四面体是三角形在三维空间的扩展，因此，多重共线性现象发生的情况也有两种，当四面体体积近似为零时，相当于发生了近似共线现象；而当四面体体积为零时，相当于发生了完全共线现象。研究人员发现，四面体发生近似共线时，其组成四面体的三角形中总是包含纵横比较大的三角形[77]。Cheng 等[77]对四面体进行了较详细的研究，认为共有九种四面体拓扑质量较差，这九种四面体分别命名为 spire、spear、spindle、spike、splinter、wedge、spade、cap 和 sliver。它们的特征是侧面中都包含有纵横比较大的三角形，且四面体体积近似为零，其结构如图 3.4 所示。

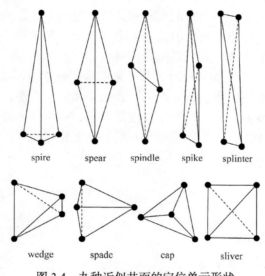

spire   spear   spindle   spike   splinter

wedge   spade   cap   sliver

图 3.4   九种近似共面的定位单元形状

3.3   基于定位单元形状判别的定位算法

3.3.1   二维定位单元几何分析

为了解决二维空间中定位单元多重共线性现象对定位精度的影响，针对不同场景，研究人员在分析定位单元的基础上提出了多种解决方案。Poggi 和 Mazzini[78]针对二维空间中定位单元的形状是一个三角形这一特点，提出了共线度的概念，他采用三角形的三个高的最小值作为三角形的共线度参数，并利用其度量定位单元的拓扑质量，当组成定位单元的三个信标节点越接近共线时，认为其共线度越低，反之共线度越高。其实验结果也表明定位单元越接近共线（即共线度越低），未知节点的定位误差越大甚至不可定位；而定位单元越接近正三角形，未知节点的定位精度越高。随后，吴凌飞等[79]提出另外一种共线度的度量标准，即共线度为三角形内角余弦值的最大值。同样，采用吴凌飞提出的方法，共线度越低定位效果越差；共线度越大，即定位单元越接近正三角形，定位结果越好。文献[80]还给出了另一种共线度的定义，设平面上任意三点所形成的三角形中最长边的边长为 $l_{\max}$，该边所对应的高为 $h_{\min}$，定义 $h_{\min}$ 与 $l_{\max}$ 比值的 $2\sqrt{3}/3$ 为该三角形的共线度。当三点共线时，共线度为 0。这样共线度的取值范围为[0,1]，共线度越小表示三点越近似共线。上述几种共线度判断方法其实是针对三角形单元质量进行度量的，多年前，研究人员[77]就详尽地研究了三角形单元质量的度量准则，并从不同的角度给出了各种各样科学的判断和评价质量的方法。他们认为判断一个三角形定位单元质量的度量准则应满足的原则：三角形单元的平移、旋转、反色、反射、均匀缩放均应不改变其度量值；当且仅当三角形为等边三角形时其度量值取最大值；当三角形面积趋于 0 时，其度量值也接近于 0。基于上述标准，研究人员给出了三角形拓扑质量判断的方法[77]：最小角度量方法；最长、最短边度量方法；面积—边长度量方法；内外半径度量方法；内半径—最小边度量方法；最小高—最长边度量方法。上述质量判断方法的定义公式如下。

1）最小角度量方法

$$q_{\alpha_{\min}} = \frac{3\alpha_{\min}}{\pi} \tag{3.1}$$

其中，$\alpha_{\min}$ 是最小内角。

2）最长、最短边度量方法

$$q_{Ll} = \frac{l_{\min}}{l_{\max}} \tag{3.2}$$

其中，$l_{\max}$ 和 $l_{\min}$ 分别是三角形的最长、最短边。

3）面积—边长度量方法

$$q_{ALS} = \frac{4\sqrt{3}S}{l_1^2 + l_2^2 + l_3^2} \tag{3.3}$$

其中，l_1、l_2 和 l_3 是三角形三条边，S 是三角形的面积。

4）内外半径度量方法

$$q_{Rr} = \frac{2r}{R} \tag{3.4}$$

其中，r 是三角形内切圆的半径，R 是三角形外接圆的半径。

5) 内半径—最小边度量方法

$$q_{Lr} = \frac{2\sqrt{3}r}{l_{\max}} \tag{3.5}$$

6) 最小高—最长边度量方法

$$q_{Lh} = \frac{2h_{\min}}{\sqrt{3}l_{\max}} \tag{3.6}$$

其中，$h_{\min}$ 是三角形的最小高。

研究人员同时也证明了上述几种三角形拓扑质量判断公式都是近似等价的[77, 80]，而且任何一种方法在三角形面积趋于零时，判断值也趋于 0；当三角形趋于正三角形时其判断值为 1。因此，任何一种表示方法都可以作为二维定位中定位单元多重共线性的判断标准。

3.3.2 基于定位单元几何形状判别的二维定位

通过角度、信号强度、相对距离或者是跳距等方法我们均可以获取未知节点到信标节点的"距离"，当其能与周围三个及以上信标节点通信后，未知节点就可以利用三边法或多边法进行位置估计。由于定位单元的质量会对最终的定位结果造成很大的影响，因此在估计计算过程中需要对定位单元质量进行判断，而本书 3.3.1 小节提出的六种判断标准都近似相等，因此，本书借鉴共线度判断标准，提出多重共线度(Degree of Multicollinearity, DM)这一概念，用其作为定位单元质量度量标准，并提出二维空间中基于定位单元几何形状判别定位(2D Location Estimation-Shape Analysis, 2D LE-SA)算法。假设在监测区域内共有 n 个节点，它们的实际坐标是 $\{x_i\}_{i=1}^n$，其中前 m 个是信标节点，它们的位置已知，在获取节点间距离矩阵 D 后，未知节点位置估计方法见算法 3.1。

算法 3.1　基于定位单元几何形状判别的二维定位算法(2D LE-SA)

输入：	节点之间的距离矩阵 D 信标节点坐标 $\{x_1, x_2, \cdots, x_m\}\ (m \geq 3)$
输出：	未知节点的估计坐标 $\{\hat{x}_{m+1}, \hat{x}_{m+2}, \cdots, \hat{x}_n\}$
1.	将未知节点收集到的信标节点按照其 ID，利用求组合数的方法得到一系列定位单元组，并计算每个分组的 DM 值，DM 值的计算可以利用式(3.1)～式(3.6)中任何一个

2.	将每个定位单元的 DM 值与设定 DM 阈值进行比较，将定位单元质量较差(度量值低)的分组剔除，只保留质量好的分组，记录保留下来的定位单元 DM 值和相应用三边法获得的估计位置。可以认为 DM 值越大定位单元的质量越好，因此其对最终定位结果的精度贡献越大，设在剔除质量差的定位单元后存在这样一个多重共线性权值，其表达式如下 $$W_i = {DM_i} \Big/ \sum_i DM_i$$
3.	将获得的权值与相应定位单元估计获得的位置相乘，将相应的乘积求和从而获得最终的估计位置

3.3.3　三维定位单元几何分析

对于三维空间的定位，周艳[33]提出了信标节点优化选择定理，通过构建四个信标节点误差区域，求解出四个信标节点按照某种分布可以提高定位精度，更好地提供定位服务。但求解过程中需利用切平面代替信号传播的球面，这就造成构建模型有部分区域信号不可达，因而获得的解值得商榷。此外，还有一种基于升降式参考点的三维定位算法[81]。此方法通过给每个信标节点安装一个可升降的全方位天线的方式使信标节点能在不同高度发送信号，在确定未知节点高度后，再利用投影的方式将未知节点投影到二维平面上，用三边测量法求得其二维坐标。方法利用升降设备获得节点垂直坐标，在获得投影后巧妙地获得二维坐标关系，因而算法的复杂度较低，但节点的部署成本高，适用范围小。

在三维空间中，定位单元至少需要由四个信标节点构成，这四个信标节点构成一个四面体，四面体可以被认为是三角形在三维空间的推广，因而它们之间存在着某种联系。因此，判断三维空间定位单元质量的度量值在平移、旋转、反色、反射、均匀缩放均应不改变其度量值；当且仅当四面体都由等边三角形构成时其度量值取最大；当构成四面体四面的三角形面积都趋于 0 时(四面体体积趋于 0)，其度量值也接近于 0。基于此标准研究人员提出了多种评判准则，其中最常用的有最小立体角 θ 、半径比 ρ 、系数 Q 、系数 γ 等 [82]，它们分别定义如下。

1) 最小立体角 θ

$$\theta = \min(\theta_1, \theta_2, \theta_3, \theta_4) \tag{3.7}$$

其中，对于 θ_1 有

$$\sin \frac{\theta_1}{2} = \frac{12V}{(\prod_{2 \leqslant i < j \leqslant 4} [(l_{1i} + l_{1j})^2 - l_{ij}^2])^{0.5}}$$

其中，V 是由四个顶点组成的四面体的体积，l_{ij} 是连接顶点 i 和 j 的边的长度。同样 θ_2，θ_3，θ_4 可通过指标轮换得到。

2) 半径比 ρ

$$\rho = 3r/R \tag{3.8}$$

其中，r，R 分别是四面体内切圆和外接圆的半径，内切圆和外接圆的半径可由公式 (3.9)、公式 (3.10) 得到

$$R = \sqrt{(a+b+c)(a+b-c)(a+c-b)(b+c-a)} \Big/ 24(V) \tag{3.9}$$

$$r = 3V \Big/ \sum_{i=0}^{3} S_i \tag{3.10}$$

其中，V 是四面体的体积；$S_i (i = 0,1,2,3)$ 是第 i 个面的面积；a，b，c 分别是四面体三组对棱边长之积。结合公式 (3.9)、公式 (3.10) 得半径比 ρ 的计算公式为

$$\rho = \frac{216V^2}{\sum_{i=0}^{3} S_i \times \sqrt{(a+b+c)(a+b-c)(a+c-b)(b+c-a)}} \tag{3.11}$$

由公式 (3.11) 得半径比 ρ 的取值范围为 $[0,1]$，当 $\rho \to 0$ 时四面体的四个顶点共面，当 $\rho = 1$ 时四面体为正四面体。

3) 系数 Q

$$Q = C_d \frac{V}{\left[\sum_{1 \leqslant i < j < 4} l_{ij} \right]^3} \tag{3.12}$$

其中，比例系数 $C_d = 1832.8208$，它的引入可使正四面体的质量度量值取最大值 1。

4) 系数 γ

$$\gamma = \frac{72\sqrt{3}V}{\left[\sum_{1 \leqslant i < j < 4} l_{ij}^2 \right]^{1.5}} \tag{3.13}$$

在文献[83]中论证了公式 (3.7)～公式 (3.13) 是等价的，同时还论证了当四面

体体积趋于 0 时，上述度量公式(3.7)～公式(3.13)的计算结果都趋于 0；当四面体接近正四面体时，度量公式(3.7)～公式(3.13)的计算结果趋于 1。

3.3.4　基于定位单元形状判别的三维定位

　　与二维环境下定位类似，在三维的监测区域内，在未知节点周围获取四个及以上的信标节点，并获得这些信标节点的距离后可进行定位。由于信标节点组成的定位单元对位置估计的影响，因此需在定位过程中对这些定位单元进行质量判断，3.3.3 小节所提及的四种判别标准都是近似相等的，我们可以选择公式(3.7)、公式(3.8)、公式(3.12)、公式(3.13)中任一个作为度量三维四面体质量的评判标准，并提出三维空间中基于定位单元几何形状判别的定位(3D Location Estimation-Shape Analysis，3D LE-SA)算法，其详细步骤见算法 3.2。

算法 3.2　基于定位单元几何形状判别的三维定位算法(3D LE-SA)

输入：	节点之间的距离矩阵 D
	信标节点坐标 $\{x_1, x_2, \cdots, x_m\}(m \geqslant 4)$
输出：	未知节点的估计坐标 $\{\hat{x}_{m+1}, \hat{x}_{m+2}, \cdots, \hat{x}_n\}$

1.	将未知节点收集到的信标节点按照其 ID，利用求组合数的方法得到一系列定位单元组，并计算每个分组的 DM 值，DM 值的计算可以利用式(3.7)、式(3.8)、式(3.12)、式(3.13)中任何一个
2.	并将每个定位单元的 DM 值与设定 DM 阈值进行比较，将定位单元质量较差(度量值低)的分组剔除，只保留质量好的分组，记录保留下来的定位单元 DM 值和相应用多边法获得的估计位置。可以认为 DM 值越大定位单元的质量越好，因此其对最终定位结果的精度贡献越大，设在剔除质量差的定位单元后存在这样一个多重共线性权值，其表达式如下 $$W_i = \mathrm{DM}_i \Big/ \sum_i \mathrm{DM}_i$$
3.	最后，将获得的权值与相应定位单元估计获得的位置相乘，将相应的乘积求和从而获得最终的估计位置

3.4　基于多元分析的定位算法

3.4.1　定位过程中的多重共线性

　　从 2.4 节可知，未知节点与信标节点距离方程组可以转化为 $Ax = b$ 的形式。部署环境存在着各种干扰源、节点内部噪声及信号量化导致的舍入等原因，使得距离测量存在误差，实际方程组一般以 $Ax = b + \xi$ 形式存在，其中 ξ 是误差。为了获得位置估计的最优解，同时考虑计算的方便，一般使用误差的平方和作为判断标准，为了获得最优解，对损失方程求其偏导并设其等于 0，即

$$\partial \|\xi\|^2 / \partial x = -2A^{\mathrm{T}}b + 2A^{\mathrm{T}}Ax = 0 \tag{3.14}$$

由式(3.14)得

$$A^{\mathrm{T}}b = A^{\mathrm{T}}Ax$$

若组成定位单元的信标节点不位于一条直线上，即方阵 $A^{\mathrm{T}}A$ 可逆，则方程可以用普通最小二乘法求得未知节点估计坐标：$\hat{x} = (A^{\mathrm{T}}A)^{-1}A^{\mathrm{T}}b$。而若构成定位单元的信标节点位于一条直线上或近似位于一条直线上，这时估计计算中出现多重共线性现象，若继续强行执行普通最小二乘法，会导致估计值的不稳定，严重情况下多重共线性甚至会使估计值的符号反常，使得估计结果毫无意义。在定位单元完全共线的情况下，矩阵 $(A^{\mathrm{T}}A)^{-1}$ 不存在，使用最小二乘法无法估计未知节点位置；在定位单元近似共线的情况下，$\|A^{\mathrm{T}}A\| \approx 0$，导致矩阵 $(A^{\mathrm{T}}A)^{-1}$ 对角线元素较大，使得参数估计值的方差增大，估计值变得无效。

多元分析中的多重共线性概念最早是由 Frisch 于 1934 年提出的[84]，其最初的含义是指回归模型中某些自变量是线性相关的，对于位置估计算法来说，也就是说矩阵 A 中的列存在着线性关系，即矩阵 A 中的列 $a_1, a_2, \cdots, a_n$ 满足关系式

$$k_1 a_1 + k_2 a_2 + \cdots + k_n a_n = 0 \tag{3.15}$$

其中，常数 $k_1, k_2, \cdots, k_n$ 不全是 0。显然，矩阵 A 中列的线性关系导致矩阵 $A^{\mathrm{T}}A$ 奇异，从而位置估计算法完全失效。但在实际应用中，这种情况比较少见，大多数情况下，矩阵 A 中某些数据列可由其余的数据列近似地表示出来，而非完全相同，即矩阵 A 中的列 $a_1, a_2, \cdots, a_n$ 可表示为

$$k_1 a_1 + k_2 a_2 + \cdots + k_n a_n + \xi = 0 \tag{3.16}$$

其中，常数 $k_1, k_2, \cdots, k_n$ 不全为 0，ξ 是随机误差项，此时可称为近似共线，完全共线与近似共线被合称为多重共线。若发生多重共线现象，不加处理地继续进行位置估计，虽然有时(近似共线)可以计算出未知节点位置，但会导致估计值的方差变大，估计值不稳定，其置信区间增大，定位精度降低，严重时会导致估计位置与实际位置关于信标节点构成直线呈镜像关系。

3.4.2 多重共线性的诊断与补救

在位置估计过程中，定位单元几何关系的共线或近似共线，导致定位单元所构成矩阵 A 中的列之间存在线性关系或近似线性关系，这些共线或近似共线同时也会导致在估计计算中产生一个不稳定的模型，严重影响位置估计的精度。多重共线性诊断[85]常用方差膨胀因子（Variance Inflation Factor，VIF）、条件指数（Condition Index）和方差比例（Variance Proportions）等方法。一般认为，若 VIF>10，说明模型中有很强的共线性关系[85]；条件指数值在 10 与 30 间为弱相关，在 30 与 100 间为中等相关，大于 100 为强相关；在大的条件指数中，由方差比例超过 0.5 的自变量构成的变量子集被认为是相关变量集。

目前，理论和实际工程中克服多重共线性影响的方法也是多样的，研究人员提出了多种诊断方法和补救措施，但不同方法在工程应用中的效果是不同的。岭回归[86]和主成分回归[87]是研究人员常用的多重共线性问题的补救措施。岭回归是由 Hoerl[86]在 1962 年提出的，通过引入偏移量 k（又被称为岭参数），以牺牲估计的无偏性换取估计方差的大幅度减小，最终达到提高估计精度和稳定性的目的。对于估计模型 $A^{\mathrm{T}}Ax = Ab$，在引入岭参数 k 后，得到新的估计模型 $(A^{\mathrm{T}}A + kI)x = A^{\mathrm{T}}b$。岭参数的引入使得位置估计不再是无偏的，但却解决了共线问题，使得估计值方差变小，同时使得估计变得稳定。岭回归方法简单易行，在一定程度上克服了多重共线对估计值的影响，因而广泛地被应用于工程实践中。岭回归方法的关键是如何选取合适的岭参数，岭参数没有明确的含义，造成岭参数的选取常常过于主观。从公式(3.16)可以看出，大多数的近似共线是由于噪声所引发的，而岭回归仅仅是通过添加岭参数达到减少估计值方差，且岭回归方法保留所有变量，因而岭回归方法不适合噪声严重的场景。

由统计学和极大熵原理知，信号数据集合中的信息，一般指这个集合中数据变异的情况，而变异可以用全部变量方差的总和来测量，方差越大，数据中包含的信息就越多，而噪声具有较小的方差，信噪比其实就是信号与噪声的方差比[88]。因此，选择对系统具有最佳解释能力的数据，实际上就是选取那些在多次观测中具有较大方差的量，此种数据被称为主成分。主成分分析[87]（Principal Component Analysis，PCA）是一种通过对原先数据重新综合，以少数几个主成分来揭示多个变量间的内部结构的方法。一般认为，方差大的那些数据与具有大特征值的主成分有较密切的联系，而方差小的另一些数据与具有小特征值的主成分有较密切的联系。因此不同主成分对位置估计的作用与影响程度是不同的，而且估计精度并不和主成分的个数成正比，那么，选取那些对估计值具有较强解释能力的主成分去估计和分析数据，有利于提高模型的稳定性和精度。PCA 可以将原先相关性很高的数据转化为彼此相互独立的数据，最大信噪比数据出现在第一主成分，且随着特征值变小，其特征向量包含数据的信噪比也随之变小，如图 3.5 所示，揭示了这种转换后的效果。

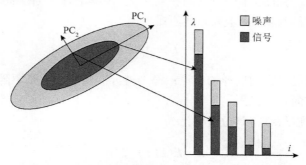

图 3.5　从两个视角观察 PCA 运算后获得的结果

通过 PCA 运算，数据仅保留前几维主成分，这不仅压缩了原有数据矩阵的规模，且运算获得的每个新变量都是原有变量的线性组合，是原有变量的综合效果，具有一定的实际意义，而噪声相对集中在特征值较小的向量中，通过去除那些信噪比小的数据，可以达到去除冗余和噪声，同时消除变量间的共线。Massy 于 1965年根据主成分分析的思想提出了主成分回归(Principal Component Regression，PCR)，其利用主成分分析在保留低阶主成分，忽略高阶主成分后使用最小二乘法进行回归分析。

3.4.3　基于主成分回归的定位算法

信标节点坐标矩阵间的多重共线性问题，造成矩阵 $A^\mathrm{T}A$ 不可逆或不能被用于节点估计，因此我们可以利用多重共线性诊断方法定位数据中是否发生多重共线性现象，然后利用 PCR 方法中的 PCA 方法对矩阵 $A^\mathrm{T}A$ 进行重新构造，去除特征值为零或接近零的部分，并去除特征值较小的部分(仅保留累积方差贡献率大于90%的部分)，最后再对位置进行估计。计算过程在选择数据时已经考虑了相关性的影响，从而保证了模型的可估性，同时在保证精度的基础上丢弃部分对系统影响不明显的数据(噪声数据)，降低模型的阶，因此，计算量极大地减小了。

本节利用主成分分析对 A 进行特征提取，得到前 d 个分量组成的矩阵代替原先的矩阵 A 进行多元线性回归，虽然部分数据丢失，但估计的准确性和稳定性却提高了。

我们将矩阵 A 标准化后分解为 d 个向量外积之和，即

$$A = t_1 p_1^\mathrm{T} + t_2 p_2^\mathrm{T} + \cdots + t_d p_d^\mathrm{T} \tag{3.17}$$

其中，t 是得分向量(Score Vector)；p 是主成分。式(3.17)也可以表示为

$$A = TP^{\mathrm{T}} \tag{3.18}$$

显然，矩阵 T 中的各个向量之间相互正交；矩阵 P 中的各个向量也相互正交，且每个向量长度都为 1。由上面叙述不难得出

$$t_i = Ap_i \tag{3.19}$$

由此，我们可以得到这样的结论：每个得分向量实际上是矩阵 A 在其相对应的主成分向量方向上的投影。

这样我们可以最终得到位置估计为

$$\hat{x} = P(T^{\mathrm{T}}T)^{-1}T^{\mathrm{T}}b \tag{3.20}$$

采用多元分析方法中 PCR 的定位算法（Location Estimation-PCR，LE-PCR）具体步骤见算法 3.3。

算法 3.3　基于多元分析的 PCR 定位算法(LE-PCR)

输入：	节点之间的矩阵 D
	信标节点坐标 $\{x_1, x_2, \cdots, x_m\}\,(m \geqslant 3)$
输出：	未知节点的估计坐标 $\{\hat{x}_{m+1}, \hat{x}_{m+2}, \cdots, \hat{x}_n\}$

1.	对矩阵 A 进行标准化处理
2.	利用 PCA 对矩阵 A 处理，提取主成分和得分向量，如公式(3.17)
3.	利用条件指数判断是否发生了多重共线性问题，若发生，则根据累积方差贡献率，剔除相应特征根比较小的那些主成分
4.	利用剩下的主成分，使用主成分回归，如公式(3.20)，得到最终的位置估计

3.5　实验与仿真

本章所提及的算法思想主要针对信标节点间的关系对定位精度的影响，而节点间距离的测量对位置估计精度的影响并不是本章考虑的主要问题，鉴于此，本章采用基于信标节点的非测距定位算法距离向量—跳数(Distance Vector-Hop，DV-Hop)算法作为载体验证本章提出的构想。此外，本节利用 2.5 节定义的平均定位误差 ALE 作为评判标准。

本节首先对 DV-Hop 算法进行简单介绍；然后利用二维、三维 DV-Hop 算法分别验证基于二维定位单元几何分析和基于三维定位单元几何分析算法；由于多

元分析方法在二维、三维中的定位过程雷同，本节的最后仅利用二维的 DV-Hop 算法验证 PCR 算法构想。

3.5.1 DV-Hop 定位算法介绍

DV-Hop 定位算法[89]是美国罗格斯大学(Rutgers University)的 Niculescu 和 Nath 提出的一系列分布式定位方法之一，它是一种与距离无关的定位算法，巧妙地利用了距离矢量路由和 GPS 定位的思想，具有较好的分布性和可扩展性。其定位原理：首先计算未知节点与信标节点最小跳数，然后估计平均每跳的距离，最小跳数与平均每跳的距离相乘，得到未知节点与信标节点之间的估计距离，最后利用三边测量法或极大似然估计法计算未知节点的坐标。DV-Hop 方法的定位过程由如下三个阶段构成。

第一阶段：DV-Hop 定位算法利用典型的距离矢量交换协议，使部署区域内所有节点获取其到信标节点的跳数。

第二阶段：在获得其他信标节点位置和相隔跳距之后，信标节点计算每跳距离，然后将其作为一个校正值广播至网络中。平均跳距可由下式表示

$$\text{HopSize}_i = \frac{\sum\limits_{i \neq j} \sqrt{(x_i - x_j)^2 + (y_i - y_j)^2}}{\sum\limits_{i \neq j} h_i} \tag{3.21}$$

其中，(x_i, y_i) 和 (x_j, y_j) 分别是信标节点 i 和 j 的坐标；h_i 是信标节点 i 和其他所有信标节点的跳数。当未知节点获得与三个或更多个信标节点间的距离时，可以进入第三阶段，即计算节点位置。

第三阶段：估计未知节点的位置。常采用三边测量法或极大似然估计法进行位置估计。

类似于普通的 DV-Hop 算法，三维距离向量—跳数(Three Dimensional Distance Vector-Hop，3D DV-Hop)算法也由三个阶段构成。

由上述描述可知，DV-Hop 算法是一种基于信标节点的定位算法，其定位结果在一定程度上与节点间出现多重共线性有关。在求解过程中，$A^{\mathrm{T}}A$ 必须可逆，若 $\|A^{\mathrm{T}}A\| = 0$ 或 $\|A^{\mathrm{T}}A\| \approx 0$，则矩阵出现多重共线性现象，即在矩阵 A 中各列出现准确的线性关系或近似线性关系，它的存在会对最后的定位精度产生不良的后果，当出现完全多重共线性时，多边测量法甚至会失效。而仅仅发生不完全多重共线性时，尽管可以求得位置的估计值，但它们是不稳定的，同时参数估计值的方差将变大，变大的程度取决于多重共线性的严重程度。

3.5.2　二维位置估计—形状分析

如图 3.6(a) 所示，在这组仿真实验中共有 100 个节点随机均匀地分布在 200 m×200 m 的区域内，节点通信半径为 50 m，假设信标节点数从 10 增长到 20，同时设 DM 数值介于 0.1 与 0.7 之间，步长为 0.1。不失一般性，在同样数量信标节点和 DM 值下算法程序分别运行 50 次，评价指标的平均值作为最终的评价依据。如图 3.6(b) 与 (c) 所示，显示的是信标节点数为 15 的定位结果，其中二维位置估计——形状分析(Two Dimensional Location Estimation-Shape Analysis, 2D LE-SA DV-Hop) 的 DM 值取 0.3。

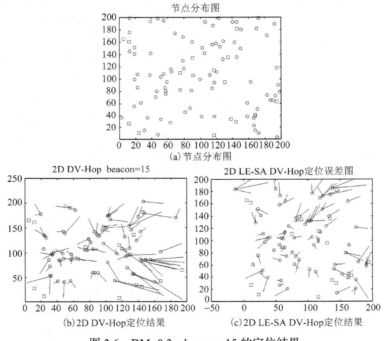

图 3.6　DM=0.3，beacon=15 的定位结果

如图 3.6 所示，圆圈表示未知节点，方块表示信标节点，直线连接未知节点的真实坐标和估计坐标，直线越长，定位误差越大。图 3.6(a) 为节点分布图；图 3.6(b) 为普通 2D DV-Hop 定位算法的定位结果，ALE=40.7%；图 3.6(c) 为 2D LE-SA DV-Hop 算法的定位结果，ALE=29.1%。很明显图 3.6(c) 中的直线长度小于图 3.6(b) 中的直线长度。

图 3.7 描述的是监测区域内信标节点数为 15 时，2D LE-SA DV-Hop 算法的 ALE 随 DM 值变化的曲线，可以看出在 DM 值介于 0.1 至 0.6 之间时，ALE 值单调下降，而在 DM>0.6 时 ALE 曲线呈上升趋势。原因是 DV-Hop 算法是一种借鉴

距离矢量路由的定位算法，它用节点间的跳距替代节点间的直线距离，随着跳距的增加，节点间的误差就越大。

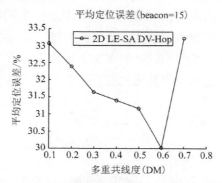

图 3.7　beacon=15 2D LE-SA DV-Hop 随 DM 值变化的 ALE 曲线

　　本章所提出的基于形状分析的定位方法实际上是在定位过程中仅选择形状质量高的定位单元，去除形状质量差的定位单元，当定位单元判别准则多重共线度 DM 值取较大时，在位置节点附近（跳数小）信标节点不符合定位要求，因此只能选择远处（跳数大）的信标节点作为参考节点，这就造成用于定位的跳距远远超过实际距离，最终使得估计结果误差不降反增。对于这种情况，研究人员常引入跳数阈值[90]，限制跳数大的跳距，但跳数阈值又会造成监测区域内产生不可定位节点，降低监测区域的覆盖率。因而，这就需要有一个适当折中的方法，既能保证定位精度又能保证定位的覆盖率。

　　图 3.8 描述的是 2D LE-SA DV-Hop（DM=0.3）与 2D DV-Hop 算法随着信标节点数的增加（10～20），其 ALE 曲线的变化。由图 3.8 可得，由于算法中加入形状分析，对多重共线性加以抑制，2D LE-SA DV-Hop 的 ALE 曲线随着信标节点数的增加而降低，而 2D DV-Hop 算法的 ALE 曲线并未随着信标节点数量的增加而好转，却呈上下起伏状。

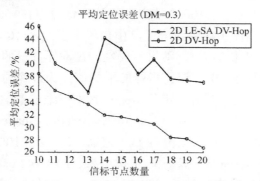

图 3.8　2D LE-SA DV-Hop（DM=0.3）与 2D DV-Hop 的 ALE 随信标节点数变化曲线

　　图3.9描述的是2D LE-SA DV-Hop算法随着多重共线度DM值和信标节点数量的变化，相应的ALE变化曲面。很明显在DM>0.6之后，ALE单调下降趋势变成上升状；但在DM值固定时，ALE随着信标节点数量的增加而下降。因而，这可以说明，在定位算法中加入多重共线度判断有助于消除多重共线性的影响，提高算法的稳定性并提高定位的精度。但多重共线度限定值过大反而会造成可用于定位的参考节点变少，从而使得算法性能降低。因此，特定区域内多重共线度的设定需要事先做适当测试。

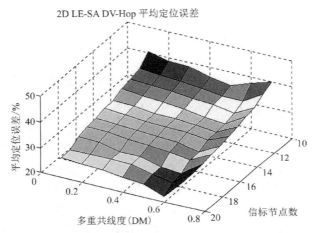

图3.9　2D LE-SA DV-Hop随信标节点数、DM值变化的ALE曲面

3.5.3　三维位置估计—形状分析距离向量—跳数

　　在实际应用中，节点一般不可能置于绝对的二维平面内，而是水下、坡地、空间等三维场景中。同时，本章提出的形状分析定位方法中，三维形状判断准则与二维形状判断准则并不相同，因此这需要通过实验进行验证。

　　仿真实验中，假设共有100个节点随机均匀地分布在$100m \times 100m \times 100m$的三维区域内，节点通信半径为50m，其中信标节点数从10增长到20，同时设DM值从0到0.6，步长为0.1，不失一般性，在同样数量的信标节点和DM值下算法程序分别运行50次，评价指标的平均值作为最终的评价依据。图3.10显示的是信标节点数为15时的定位结果，其中三维位置估计—形状分析距离向量—跳数(Three Dimensional Location Estimation-Shape Analysis Distance Vector-Hop，3D LE-SA DV-Hop)的DM值取0.3。图3.10(a)为节点分布图；图3.10(b)为3D DV-Hop定位算法的定位结果，ALE=42.6%；图3.10(c)为3D LE-SA DV-Hop算法的定位结果，ALE=31.9%。很明显，图3.10(c)中的直线长度短于图 3.10(b)中的直线长度。

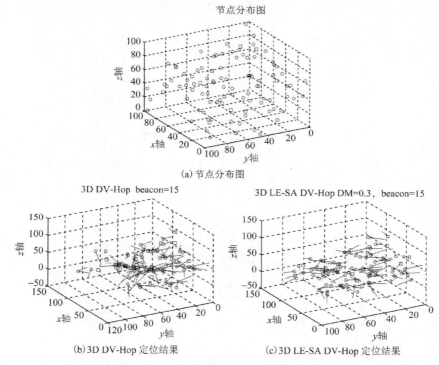

(a)节点分布图

(b)3D DV-Hop 定位结果

(c)3D LE-SA DV-Hop 定位结果

图 3.10   DM=0.3 beacon=15 的定位结果

图 3.11 描述的是信标节点数为 15 时，3D LE-SA DV-Hop 算法的 ALE 随 DM 值变化的曲线，可以看出在 DM ≤ 0.3 时 ALE 值单调下降，其后 ALE 曲线呈上升趋势。造成这种情况的原因与二维场景一样，都是由于大的 DM 值限制了选择附近参考信标节点，远处信标节点至未知节点误差大，最终估计结果误差不降反增。不同的是，三维空间造成节点更加"稀疏"，使得在 DM 值大于 0.3 之后 ALE 产生变化，且变化更为明显，当 DM=0.5 时，ALE 就接近 90%，在 DM=0.6 时，ALE 甚至超过 120%。为了保持定位精度而加入跳数阈值，限制跳数大的信标节点同样会造成覆盖率下降。

图 3.12 描述的是 3D LE-SA DV-Hop(DM=0.3)与 3D DV-Hop 算法随着信标节点的增加(10～20)ALE 曲线的变化。同样，普通的 3D DV-Hop 未能对多重共线性问题加以处理使得其 ALE 曲线呈上下起伏状。利用基于形状分析的算法避免了多重共线性问题的影响，其 ALE 曲线随着信标节点数量的增加而下降，且精度优于普通算法。

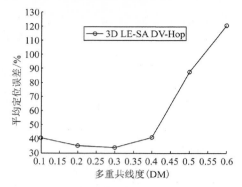

图 3.11　beacon=15 3D LE-SA DV-Hop 随 DM 值变化的 ALE 曲线

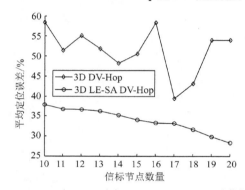

图 3.12　3D LE-SA DV-Hop（DM=0.3）与 3D DV-Hop ALE 随信标节点数变化曲线

3.5.4　位置估计—主成分回归距离向量—跳数

由于基于多元分析的定位方法仅对信标节点坐标矩阵进行运算处理，因而二维和三维处理方式雷同，因此本节实验仅对二维环境下的情况展开比较。与 2D LE-SA DV-Hop 部署场景类似，在这组实验中，共有 100 个节点随机地部署在 200m×200m 监测区域内，由于信标节点共线或近似共线，造成矩阵 $A^\mathrm{T}A$ 不可逆或 $A^\mathrm{T}A$ 不能被用于节点估计，我们可以利用 PCA 方法对矩阵 A 重新构造，采用条件指数判断是否发生了多重共线性问题，去除特征值为零或接近零的部分，并去除特征值较小的部分（仅保留累积方差贡献率大于 90%的部分），这样重新获得的数据既没有共线成分又去除了部分噪声。

同样，我们首先考查两个最终定位结果，如图 3.13 所示。设信标节点数为 16，在无遮挡的情况下，普通算法的 ALE 的值为 35.8%，而位置估计—主成分回归距离向量 — 跳数（Location-Principal Component Regression Distance Vector-Hop，LE-PCR DV-Hop）的 ALE 的值为 27.5%。

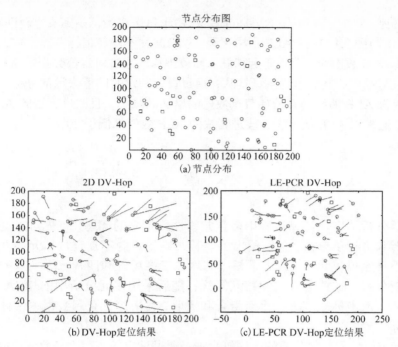

图 3.13   两种算法的定位结果

　　基于 PCA 的方法对信标节点坐标信息进行重新组合和筛选，也就是在位置估计过程中，尽可能多地保留信标节点坐标信息，丢弃掉部分对位置估计不重要的信息，且在选择信息时已经考虑了相关性的影响，从而保证了位置估计过程的可估性，同时在保证精度的基础上，降低了估计模型的阶，极大地减小了计算量。图 3.14 描述的是算法在同一场景多次部署(100 次，取 ALE 平均值)，信标节点数从 10 逐渐增加到 20 时 ALE 曲线变化情况。在实际环境中，由于共线及噪声的影

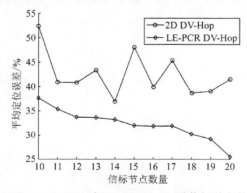

图 3.14   LE-PCR DV-Hop 与 DV-Hop ALE 随信标节点数变化曲线

响难以避免,如图 3.14 所示,DV-Hop 算法(由于每次实验都是随机重新部署节点,因此图 3.8 与图 3.14 中的 ALE 不尽相同)的 ALE 并不随着信标节点个数的增加而减少,其 ALE 数值曲线呈上下起伏状,而改进算法通过对定位数据重新构造,将有用信息与噪声、共线信息重新排队,通过设定一定的阈值去除部分噪声和共线信息,使得 ALE 曲线随着信标节点数量的增加而减小,且改进算法的 ALE 都比相应的普通算法 ALE 低不少,改进算法的 ALE 数值都低于 40%。

3.6　本 章 小 结

　　本章分析了定位计算过程中多重共线性所带来的问题,首先对定位单元几何拓扑形状进行了分析,分别给出了两种二维场景的不良定位单元和九种三维场景的不良定位单元,并给出了相应的六种二维场景和四种三维场景的多重共线性判断公式,这些公式之间相互等价;随后采用多元分析中的 PCA 降维方法对信标节点坐标矩阵进行重新组合和提取,利用部分有用数据去估计未知节点的坐标位置。

　　基于定位单元几何分析的方法较直观,通过设定阈值,小于此阈值的定位单元排除在外,由于位置估计过程仅利用定位精度高的定位单元,因而定位精度高,且算法稳定,但部分定位单元被限制在位置估计过程之外,造成部分区域不能定位的节点数增多。此外,最大多重共线阈值需要根据分布区域进行选择。基于多元分析的 PCA 方法是抽取坐标矩阵中的主成分,由于主成分之间不存在相关现象,避免了多重共线性问题的影响,且丢弃部分含有噪声的主成分,增加了整体定位精度,减小了计算量,且无需选择多重共线度这样的阈值,仅需设定累积方差贡献率。但基于降维的 PCA 回归方法是一种有偏估计方法,势必会损失一部分估计精度。

4 基于可行加权最小二乘典型 相关的递增定位算法

4.1 概　　述

根据相关文献统计，约有 80%的信息采集活动与节点的位置信息有关[33]，因此，确定事件发生的位置或计算出消息的节点位置是进一步进行其他活动不可或缺的基础。

"低耗自组"一直是传感网的基本特征[35]，因而在部署区域内的全部节点加装耗电的 GPS 芯片明显行不通，此外 GPS 仅适用于室外无遮挡的条件，因此在部署区域内仅一部分节点安装有 GPS 接收设备，对部署区域内的其他节点而言，其位置则需要"自组"地通过一定的估计算法估计出来。然而，在监测区域内，传感网节点的通信半径受能量的限制，并且节点的投放具有随机性，节点间存在遮挡，等等。以上原因使得区域内的某些不在信标节点通信半径内的未知节点不能通过普通定位算法一次性并发地估计出来，造成监测区域覆盖的缺失，进而使得传感网的服务质量急速下降，不能完成对部署区域的有效监测。利用移动信标节点增加节点的覆盖率[91]是最为常见的解决方法，但是移动节点的路径、某些区域移动节点难以到达及移动节点耗电量较大等问题都使得此方法的应用受到限制。递增式估计算法是另外一种提高节点覆盖率的方法，它无需考虑路径问题，不受移动节点行动的限制，较移动节点耗电量少很多，且算法可扩展性强，具有适合分布式计算等优势。递增式算法首先估计信标节点附近的未知节点，这部分未知节点位置一旦被确定，就充当新的信标节点，随后新增信标节点与原始信标节点共同估计剩余的未知节点的位置，以此类推，直至所有节点的位置都被估计出来。

递增式方法依次向外延伸，各节点逐次进行定位，因而前一次估计误差势必影响后一次的估计精度，这种误差的累积现象必然导致前一次误差项的方差与后一次定位误差项的方差不一致，这种现象被称为异方差[92](Heteroscedasticity)。若定位估计过程中出现异方差现象，则用传统的普通最小二乘法[92]估计未知节点位置，得到的节点坐标估计值可能不是有效的估计量，甚至也不是渐近有效的估计量。在定位过程中若不能对异方差进行有效的处理，所获得的估计值变异程度会增大，从而造成对未知节点坐标的预测误差变大，降低预测精度，估计出的结果有时变得毫无意义。为了修正异方差带来的不利影响，王建刚等[93]、Meesookho等[94]提出了以误差方差倒数为权值的加权最小二乘(Weighted Least Squares，WLS)方法来抑制误差的传播。WLS 被认为是 OLS 的改进方法，与 OLS 一样，在估计过程中通过先求残差平方求和再求最小，但与 OLS 不同的是在残差平方求和过程中，WLS 考虑了异方差的影响。在异方差的情况下，基于 WLS 的定位方法考虑到不同数据点对于坐标估计的影响作用是不同的，通过赋予不同权值的方式达到抑制异方差、提高定位精度的目的。随后，熊伟丽等[95]在 WLS 的基础上，提出了一种基于最优加权最小二乘(Optimal Weight Least Square，OWLS)估计的递增式节点定位方法，算法利用估计误差矩阵最小时的逆矩阵为权阵，并在仿真时获得较为满意的结果。然而，无论是基于普通 WLS 的递增定位算法还是改进的最优加权最小二乘法都忽视了一个很实际的问题，即在实际环境中残差的协方差矩阵是事先未知的，因此以残差的方差倒数为权值或以残差为基础的改进递增定位算法在理论上能取得较好的定位精度，但在实际应用中却是难以实现的。嵇玮玮和刘中[96]提出了另外一种策略，即递增定位(Improved Incremental Localization Approach，IILA)算法，算法假设递增定位的前次定位精度大于后次定位精度，也就是说，越接近原始信标节点的位置估计越精确，在此假设的基础上，用前次位置估计的距离作为约束条件，将定位问题转化为信赖域序列的逐步二次规划(Sequential Quadratic Programming，SQP)法来求解。然而，此方法同样忽略了实际问题，传感网是一种多跳网络，到达某节点的路径可能有多条。并且，实际部署环境复杂，简单地认为定位过程中的误差仅仅随着跳数的增加而增加，也就是认为定位过程的异方差仅仅单调递增。然而，在复杂的监测环境中，异方差变化趋势难以预测，并不一定是单调递增的，也有可能是递减的或者是递增递减同时存在。如图 4.1 所示，在监测区域内，节点 A 到达未知节点 D 的路径有多条，有 $A \rightarrow B \rightarrow C \rightarrow D$，也有 $A \rightarrow E \rightarrow D$。由于监测区域环境复杂，$A$ 和 E 之间存在障碍物或者干扰源，因此，节点 A 和 E 之间的测量精度远远低于其他节点间的测量精度，这就造成若以 AE 间距离为约束去估计 ED 间距离并不合适。

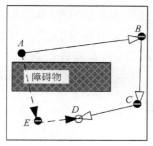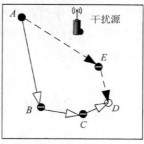

图 4.1　复杂环境中定位情况

此外，IILA 还忽视了估计获得的位置误差存在方向性这一问题，如图 4.1 所示，AE 间的误差可能是沿着 $\overrightarrow{AE}$ 方向，也可能是沿 $\overleftarrow{AE}$ 方向，而 ED 间同样也具有方向性，若 AE 间的误差方向和 ED 间的误差方向相反，此时再认为越接近原始信标节点的位置估计越精确这种假设不再成立。

除以上几种递增式定位算法，还有研究人员[97]提出以总体最小二乘(Total Least Square，TLS)法为基础的加权总体最小二乘(Weighted Total Least Square，WTLS)定位方法，此方法除了关注异方差问题还关注了信标节点存在误差。

本章致力于设计一种实际情况适用的递增式定位算法。从以往递增式算法来看，目前大多数递增式定位算法都是校正定位过程中的异方差，且都假设异方差仅单调增加，忽视传感网部署环境及传感网的组网特性。传感网是一种多跳网络，其部署环境常是人员难以到达的恶劣场景，因而对于递增式定位算法而言，其异方差的增长方式是复杂多样的。此外，与并发式定位算法一样，递增式定位算法同样受到多重共线性问题的干扰。基于此，我们提出一种仅利用较少的信标节点，且顾及传感网多跳特性、误差的累积、异方差和多重共线性等问题的切实可行的递增式定位(Location Estimation-FWLS-CCR，LE-FWLS-CCR)方法。FWLS-CCR 采用可行加权最小二乘[98](Feasible Weighted Least Squares，FWLS)与典型相关回归(Canonical Correlation Regression，CCR)相结合的方法，在解决异方差问题之前，先用多元分析中的降维算法典型相关分析[99](Canonical Correlation Anylsis，CCA)的回归方法 CCR 去除噪声和多重共线性数据，使得 FWLS 所利用的数据更加"干净"且无多重共线性的干扰；而后，再利用迭代计算方式解决异方差问题，且迭代过程更加符合传感网多跳特性。

仿真实验结果表明，本章所提出的 FWLS-CCR 与以往的递增式定位算法相比，不仅能够较好地解决误差累计的问题，并能获得很高的定位精度；此外该方法还兼顾定位过程中多重共线性问题对定位计算的影响，因而该方法适用于不同的监测区域，具有较高的适应能力。

　　本章的组织结构如下：4.2 节分别对可行加权最小二乘和典型相关回归进行简单介绍；4.3 节详细介绍本书提出的 FWLS-CCR 算法和以此为基础的定位方法；实验结果及分析在本章的 4.4 节给出；最后，4.5 节进行本章小结。

4.2　相　关　概　念

4.2.1　可行加权最小二乘

　　在第 2 章中，式(2.7)～式(2.15)对并发式定位进行了推导，其推导的前提是假设测距误差的方差 $\mathrm{Var}(\xi_i) = \sigma^2 I_n$（$\sigma^2$ 为一个常数），这种回归过程中误差项方差不变现象又被称为同方差现象[100]。而在需要使用递增式算法进行位置估计的情况下，由于测距误差不可避免，逐级定位过程中的测距误差的方差 $[\mathrm{Var}(\xi) = \sigma^2 \mathbf{\Omega} \neq \sigma^2 I_n]$ 不再是一个常数，这种现象被称为异方差。由于递增定位的过程是错综复杂的，所以在递增定位过程中异方差问题是大量存在的。异方差的存在使得利用经典位置估计模型将得不到准确、有效的结果。

　　递增定位过程中，误差项异方差的存在，会对节点位置的估计带来重大影响。在异方差存在的情况下，定位数据在位置估计过程中的地位是不同的：数据的误差项方差越小，残差的可信度越高；而误差项方差越大，残差的可信度越低。因此，在异方差存在的情况下估计坐标位置时，通常利用加权最小二乘对不同的残差区别对待，即对残差较小的数据项给予充分的重视，给予较大的权值，对较大的残差项则给予较小的权值，从而调整各数据项在估计计算中的作用，因此定位过程能得到一个有效估计量。

　　因此，对于式(2.12)，如果存在异方差，则误差项的方差不再是一个常数，而是

$$\mathrm{Var}(\xi) = \sigma^2 \mathbf{\Omega} \tag{4.1}$$

其中，σ^2 是一个常数，$\mathbf{\Omega}$ 是 n 价对称正定矩阵。易知，肯定存在一个 n 阶可逆矩阵 $\mathbf{D}$ 使下式成立

$$\mathbf{\Omega} = \mathbf{DD}^\mathrm{T} \Rightarrow \mathbf{D}^{-1}\mathbf{\Omega}(\mathbf{D}^\mathrm{T})^{-1} = I_n \tag{4.2}$$

对式(2.12)两边同时左乘 $\mathbf{D}^{-1}$ 得

$$\mathbf{D}^{-1}\mathbf{A}x + \mathbf{D}^{-1}\xi = \mathbf{D}^{-1}\mathbf{b} \tag{4.3}$$

假设 $b* = D^{-1}b$ ， $A* = D^{-1}A$ ， $\xi* = D^{-1}\xi$ 。则式(4.3)可转化为

$$b* + \xi* = A* x \tag{4.4}$$

此时，误差项的方差

$$
\begin{aligned}
\mathrm{Var}(\xi*) &= E[\xi*(\xi*)^{\mathrm{T}}] = E[D^{-1}\xi(D^{-1}\xi)^{\mathrm{T}}] \\
&= E[D^{-1}\xi\xi^{\mathrm{T}}(D^{-1})^{\mathrm{T}}] \\
&= D^{-1}E[\xi\xi^{\mathrm{T}}](D^{-1})^{\mathrm{T}} \\
&= D^{-1}\sigma^2\Omega(D^{-1})^{\mathrm{T}} \\
&= \sigma^2 D^{-1}\Omega(D^{-1})^{\mathrm{T}} \\
&= \sigma^2 I_n
\end{aligned}
\tag{4.5}
$$

则此时误差项的异方差得以消除，同时很容易得知， $E(\xi*) = 0$ 。明显在式(4.4)中的误差项 $\xi*$ 满足最小二乘模型的假设，因而，存在损失方程

$$
\begin{aligned}
S(x) &= (\xi*)^{\mathrm{T}}\xi* \\
&= (b* - A* x)^{\mathrm{T}}(b* - A* x) \\
&= (b - Ax)^{T}\Omega^{-1}(b - Ax)
\end{aligned}
\tag{4.6}
$$

同样为了获得最优解，必须使

$$(b - Ax)^{\mathrm{T}}\Omega^{-1}(b - Ax) = \min \tag{4.7}$$

假设 $\hat{x}_{\mathrm{WLS}}$ 是最小化后的最优解。因此， $\hat{x}_{\mathrm{WLS}}$ 满足以下最小二乘等式解

$$(A^{\mathrm{T}}\Omega^{-1}A)\hat{x}_{\mathrm{WLS}} = A^{\mathrm{T}}\Omega^{-1}b \tag{4.8}$$

很明显，如果 A 的行向量是线性无关的，那么 $A*$ 的行向量也是线性无关的。因此， $(A*)^{\mathrm{T}}A* = (A*)^{\mathrm{T}}\Omega^{-1}A*$ 是可逆的，至此获得式(4.8)的最优解

$$\hat{x}_{\mathrm{WLS}} = (A^{\mathrm{T}}\Omega^{-1}A)^{-1}A^{\mathrm{T}}\Omega^{-1}b \tag{4.9}$$

通过柯西-施瓦茨不等式的证明得知，在测距误差与距离之比为独立分布的高斯随机变量的条件下，矩阵 Ω 为测距误差的方差矩阵倒数时，加权最小二乘估计的误差方差达到最小。然而在现实环境中，误差项的方差是未知的，因而要使位置估计获得最优，需要根据实际情况取权值。

FWLS 是一种可行的、能够克服因权值不可获得所造成 WLS 不能执行的问题。FWLS 将每次计算获得的残差作为权重矩阵，因而其权值可以在计算过程中实实在在地获得，FWLS 算法步骤见算法 4.1。

算法 4.1　可行加权最小二乘(FWLS)

1.　先用 OLS 对含有异方差的等式进行估计，获得估计值 $\hat{x}$，将其代入等式，进而获得残差 $\hat{u}_0 = b - A\hat{x}$

2.　将残差项的平方作为 $\boldsymbol{\Omega}$ 矩阵，即 $\hat{\boldsymbol{\Omega}}_i = \mathrm{diag}(\hat{u}_{i,0}^2, \hat{u}_{i,1}^2, \cdots, \hat{u}_{i,n-1}^2)$

　　用 WLS 获得下一级的估计值和残差值

3.　$\hat{x}_{i+1} = (A^{\mathrm{T}}\hat{\boldsymbol{\Omega}}_i^{-1}A)^{-1}A^{\mathrm{T}}\hat{\boldsymbol{\Omega}}_i^{-1}b$

　　$\hat{u}_{i+1} = b - A\hat{x}_{i+1}$

4.　重新回到步骤 2，直到迭代次数达到算法要求的次数

值得注意的是，FWLS 算法是迭代推进的，其每一步最优估计值 $\hat{x}_i$ 的推导是假设 $A^{\mathrm{T}}\hat{\boldsymbol{\Omega}}_i^{-1}A$ 中不存在多重共线性问题，然而不幸的是 FWLS 方法可以消除异方差的干扰，但 FWLS 算法的迭代过程并不能保证消除误差，因而下一级的 $A^{\mathrm{T}}\hat{\boldsymbol{\Omega}}_i^{-1}A$ 不存在多重共线性，因此，在迭代过程中需要采用相应的策略避免多重共线性造成算法不可解的问题。

4.2.2　典型相关回归

在并发式定位算法中，信标节点对最终的位置估计有着非常大的影响，在信标节点共线或近似共线时，可能产生巨大的误差[78]。多元分析中的 PCA 方法，通过对信标节点坐标信息重新组合去除部分信息，以达到降噪、消除多重共线性的影响。

对于递增式定位算法，在初次估计未知节点坐标时，也可以利用 PCA 避免多重共线性造成的位置估计问题。在递增式算法中，由于测量误差难以完全避免或消除，这就意味着新增信标节点的坐标位置一定存在位置误差，这就需要对输出信息中的误差信息进行处理。PCA 仅对输入变量进行处理，对于递增式定位算法而言，其输出变量为新增信标节点位置，其中包含的误差也需要一定的预先处理。

CCA 是一种可行且强大的多元分析方法，它特别适合被用来处理和分析两类相关数据。同时，它与 PCA 一样，都是降维方法，也能够像 PCA 一样通过对数据的重新组合，去除含有共线的噪声，且它与 PCA 相比，更适合处理数据对。CCA 更多地考虑具有相关性数据之间的处理和分析，因而它也更适合回归算法，其回归精度较 PCA 更高。

对于式(2.12)，CCA 的求解过程如下。

假设有 A 和 b 两组数据，且已经进行过中心化处理，$A \in \mathbb{R}^p$，$b \in \mathbb{R}^q$，CCA 算法主要被用作寻找 A 的线性组合 $w_A^{\mathrm{T}}A$ 和 b 的线性组合 $w_b^{\mathrm{T}}b$，使得它们具有最大相关性，也就是说求下列等式的最大值

$$\rho = \frac{E[w_A^T A b^T w_b]}{\sqrt{E[w_A^T A A^T w_A] E[w_b^T b b^T w_b]}} = \frac{w_A^T C_{Ab} w_b}{\sqrt{w_A^T C_{AA} w_A w_b^T C_{bb} w_b}} \tag{4.10}$$

其中，$C_{AA} \in \mathbb{R}^{p \times p}$、$C_{bb} \in \mathbb{R}^{p \times p}$ 分别是 A 和 b 变量的集合内协方差(Within-set Covariance)矩阵，$C_{Ab} \in \mathbb{R}^{p \times q}$ 是集合间协方差(Between-set Covariance)矩阵，且 $C_{Ab} = C_{Ab}^T \in \mathbb{R}^{p \times q}$。

相关性函数 ρ 关于 w_A 和 w_b 尺度无关，通过约束 A 和 b 集合内协方差 C_{AA} 和 C_{bb}，CCA 可表述为下列等式的优化问题的解

$$\begin{cases} \max_{w_A, w_b} \ w_A^T C_{Ab} w_b \\ \text{s.t.} \ \ w_A^T C_{AA} w_A = 1, w_b^T C_{bb} w_b = 1 \end{cases} \tag{4.11}$$

为了求式(4.11)这个最优问题，我们可以通过构建拉格朗日等式获得最优解，即

$$L(w_A, w_b, \lambda_1, \lambda_2) = w_A^T C_{Ab} w_b + \frac{1}{2} \lambda_1 (1 - w_A^T C_{AA} w_A) + \frac{1}{2} \lambda_2 (1 - w_b^T C_{bb} w_b) \tag{4.12}$$

分别对式(4.12)用 w_A 和 w_b 求偏导，有

$$\begin{cases} \dfrac{\partial L}{\partial w_A} = C_{Ab} w_b - \lambda_1 C_{AA} w_A \\[2mm] \dfrac{\partial L}{\partial w_b} = C_{bA} w_A - \lambda_2 C_{bb} w_b \end{cases} \tag{4.13}$$

为了获得最优解，令式(4.13)为零，得

$$\begin{cases} C_{Ab} w_b = \lambda_1 C_{AA} w_A \\ C_{bA} w_A = \lambda_2 C_{bb} w_b \end{cases} \tag{4.14}$$

对式(4.14)两边分别左乘 w_A 和 w_b，易得 $\lambda_1 = \lambda_2$，记 $\lambda_1 = \lambda_2 = \lambda$，则式(4.14)可化简为

$$\begin{cases} C_{Ab} w_b = \lambda C_{AA} w_A \\ C_{bA} w_A = \lambda C_{bb} w_b \end{cases} \tag{4.15}$$

设 C_{bb} 可逆，由式(4.15)中第二式可得 $w_b = \dfrac{1}{\lambda} C_{bb}^{-1} C_{bA} w_A$，代入式(4.15)中第一式，整理得

$$\begin{cases} \boldsymbol{C}_{Ab}\boldsymbol{C}_{bb}^{-1}\boldsymbol{C}_{bA}\boldsymbol{w}_A = \lambda^2 \boldsymbol{C}_{AA}\boldsymbol{w}_A \\ \boldsymbol{C}_{bA}\boldsymbol{C}_{AA}^{-1}\boldsymbol{C}_{Ab}\boldsymbol{w}_b = \lambda^2 \boldsymbol{C}_{bb}\boldsymbol{w}_b \end{cases} \tag{4.16}$$

这时，CCA 的求解转化为解两个大小分别为 $p \times p$ 和 $q \times q$ 的矩阵的广义特征值——特征向量问题。这样 CCA 问题等价地转化为广义特征值问题

$$\begin{pmatrix} & \boldsymbol{A}\boldsymbol{b}^{\mathrm{T}} \\ \boldsymbol{b}\boldsymbol{A}^{\mathrm{T}} & \end{pmatrix}\begin{pmatrix} \boldsymbol{w}_A \\ \boldsymbol{w}_b \end{pmatrix} = \lambda \begin{pmatrix} \boldsymbol{A}\boldsymbol{A}^{\mathrm{T}} & \\ & \boldsymbol{b}\boldsymbol{b}^{\mathrm{T}} \end{pmatrix}\begin{pmatrix} \boldsymbol{w}_A \\ \boldsymbol{w}_b \end{pmatrix} \tag{4.17}$$

式(4.17)可以简记为 $\boldsymbol{X}\boldsymbol{w} = \lambda\boldsymbol{Y}\boldsymbol{w}$，其中 $\boldsymbol{X}$、$\boldsymbol{Y}$ 分别对应式(4.17)的左右两矩阵，$\boldsymbol{w} = [\boldsymbol{w}_A^{\mathrm{T}}, \boldsymbol{w}_b^{\mathrm{T}}]^{\mathrm{T}}$，因此可知 $\boldsymbol{w}_A$ 和 $\boldsymbol{w}_b$ 分别是 $(\boldsymbol{A}^{\mathrm{T}}\boldsymbol{A})^{-1}\boldsymbol{A}^{\mathrm{T}}\boldsymbol{b}(\boldsymbol{b}^{\mathrm{T}}\boldsymbol{b})^{-1}\boldsymbol{b}^{\mathrm{T}}\boldsymbol{A}$ 和 $(\boldsymbol{b}^{\mathrm{T}}\boldsymbol{b})^{-1}\boldsymbol{b}^{\mathrm{T}}\boldsymbol{A}(\boldsymbol{A}^{\mathrm{T}}\boldsymbol{A})^{-1}\boldsymbol{A}^{\mathrm{T}}\boldsymbol{b}$ 的特征向量。

文献[99]给出了一种基于 CCR 的回归方法，CCR 是将最小二乘与典型相关分析相结合，其目标是在最大相关意义下优化求解回归系数。由于基于 CCA 的回归方法，利用经过特征提取的成分进行回归，因此在一定程度上避免了样本中多重共线性的干扰；此外 CCR 关注输出、输入变量之间的相关性，可以被看作一种高级的两组多元变量之间的回归方法，是多元线性回归[101](Multiple Linear Regression，MLR)的推广，也被称为一种"多对多"的回归方法。典型相关回归的回归系数可以通过下列等式计算

$$\hat{\boldsymbol{x}}_{\mathrm{CCR}} = (\boldsymbol{W}_k\boldsymbol{W}_k^{\mathrm{T}})\boldsymbol{x}^{\mathrm{T}}\boldsymbol{b} \tag{4.18}$$

其中，$\boldsymbol{W}_k = [\boldsymbol{w}_A^1, \boldsymbol{w}_A^2, \cdots, \boldsymbol{w}_A^k]$ 由前 k 个最大特征向量组成。

4.3　节点坐标估计

4.3.1　可行加权最小二乘典型相关算法

多重共线性问题的存在常会对模型的估计、检验与预测产生严重的不良后果。对于定位估计而言，多重共线性问题不仅存在于并发定位中，同样也存在于递增式位置估计过程中。为此，我们在 FWLS 算法中加入 CCR 回归方法，在通过对输入、输出变量的相关性分析和降维处理进而获得最优的预测方向后，利用 FWLS 算法消除异方差所造成的问题。FWLS-CCR 算法与 FWLS 算法运行过程类似，其求解过程是迭代进行的，FWLS-CCR 算法见算法 4.2。

算法 4.2　可行加权最小二乘典型相关算法(FWLS-CCR)

1. 利用公式 (4.18) 对含有异方差的等式 (2.12) 进行回归估计，获得估计值 $\hat{x}_{\text{CCR}}$，将其代入原等式，进而获得残差：$\hat{u}_0 = b - A\hat{x}_{\text{CCR}}^0$

2. 采用 FWLS 算法，将残差项的平方作为 Ω 矩阵，即

$$\hat{\Omega}_i = \text{diag}(\hat{u}_{i,0}^2, \hat{u}_{i,1}^2, \cdots, \hat{u}_{i,n-1}^2)$$

3. 令 D 为一个 n 阶可逆矩阵，且 $DD^{\text{T}} = \Omega_i$，设 $b^* = D^{-1}b$，$A^* = D^{-1}A$，将公式转化为 $b^* + \xi^* = A^* x$ 形式

4. 用 CCR 方法 [公式 (4.18)] 获得下一级的估计值 $\hat{x}_{\text{CCR}}^{i+1}$ 和残差值 $\hat{u}_{i+1}$，其中

$$\hat{u}_{i+1} = b - A\hat{x}_{\text{CCR}}^{i+1}$$

5. 重新回到步骤 2，直到迭代次数达到算法要求的次数

4.3.2　定位算法

基于 FWLS-CCR 的节点定位过程如图 4.2 所示，假设在监测区域内部署多个传感网节点，其中 L_1、L_2、L_3、L_4 为原始信标节点，令其为零级信标节点，而节点 A、B、C 为待定位节点。节点 A 与 L_1、L_2、L_3 三个原始信标节点直接相连；节点 B 和 L_3、L_4 相连；节点 C 仅与 L_1 相连。

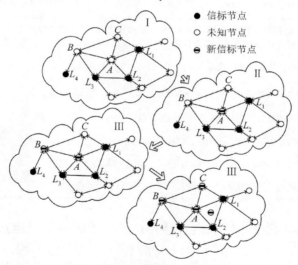

图 4.2　递增式定位算法

很明显，节点 A 可以直接根据信标节点 L_1、L_2、L_3 计算获得估计坐标。依据 FWLS-CCR 递增定位算法原则，节点 A 可在利用 CCR 并计算获得估计坐标后更新为新增信标节点，并令节点为一级信标节点；而后计算残差获得矩阵 Ω，通过

令 $b* = D^{-1}b$， $A* = D^{-1}A$，将定位计算公式转化为 $b* + \xi* = A* \cdot x$ 形式。原始信标节点 L_3、L_4 和新增信标节点 A 为参考节点，待定位节点 B 在利用 CCR 计算并获取的估计坐标并在计算后新增为信标节点，令其为二级信标节点；以此类推，节点 C 以节点 L_1、节点 A 和节点 B 为基础估计位置，并令其为三级信标节点。

在递增式定位方法中，节点的定位是以批次进行的，由于距离测量误差的存在，一级信标节点所获得的估计值与实际值存在一定的误差；而对于二级信标节点而言，其估计值同时受到测量误差和一级信标节点本身误差的影响。此外，从图 4.2 中我们还可以看出，在估计节点 C 时，参考节点 L_1、节点 A 和节点 B 所处的位置近似共线，这就有可能造成在估计节点 C 时产生更大的误差。FWLS-CCR 利用 CCR 在对输入、输出数据相关性分析后对数据对都进行了降维处理，消除了部分误差和多重共线性问题；同时，将实际可获得的残差项作为权值使得算法可行，适用于实际环境。因此，基于 FWLS-CCR 的定位算法精度较以往算法更可行、适应性更好，LE-FWLS-CCR 算法流程可见算法 4.3。

算法 4.3　基于可行加权最小二乘典型相关的递增定位算法(LE-FWLS-CCR)

输入：	信标节点坐标：$\{x_1, x_2, \cdots, x_m\}, m > 3$
	节点间的距离信息 $\{d_{ij}\}_{i,j=1}^n$
输出：	未知节点的估计坐标：$\{\hat{x}_{m+1}, \hat{x}_{m+2}, \cdots, \hat{x}_n\}$

1.	信标节点通过可控的洪泛向外发布自身所处的位置信息，未知节点在获取 3 个及以上的信标节点后，首先利用 CCR 计算未知节点位置，若无剩余未知节点，则停止；否则执行下一步
2.	利用获得估计位置去估计残差向量，估计公式：$\hat{u}_0 = b - A\hat{x}_{CCR}$
3.	利用 FWLS 获得的残差向量构建协方差矩阵 $\hat{\Omega}_i = \mathrm{diag}(\hat{u}_{i,0}^2, \hat{u}_{i,1}^2, \cdots, \hat{u}_{i,n-1}^2)$
4.	利用新构建的协方差矩阵重新改写坐标距离等式
5.	根据新等式并利用 CCR 获得第二级信标节点估计位置
6.	若在部署区域内仍然有节点位置未能估计，跳至步骤 2
7.	当部署区域内无待估节点时，算法运行完毕，输出未知节点坐标

算法 4.3，假设监测区域内传感网由 n 个传感网节点组成，它们分别是 $X_1, X_2, \cdots, X_m, X_{m+1}, \cdots, X_n$，其中节点 X_i 的真实坐标是 x_i。设前 $m(m \ll n)$ 个节点为信标节点，且坐标已知，则后 $n - m$ 个节点为未知节点，它们的坐标需要通过一定的算法估计获得。假设监测区域内的节点具有相同的通信半径，当节点 X_i 在节点 X_j 的通信半径内时，两节点之间的欧氏距离(邻近节点之间的欧氏距离可以通过 RSSI、TOA、TDOA、AOA 等测量技术获取)定义如下

$$d_{ij} = \left(\sum_{k=1}^{2} (\boldsymbol{x}_{ik} - \boldsymbol{x}_{jk})^2 \right)^{\frac{1}{2}} \tag{4.19}$$

当节点 X_i 与节点 X_j 互相不在通信半径内时，令 $d_{ij} = \infty$。节点 X_i 与监测区域内其他节点间的距离向量为 $\boldsymbol{d}_i = [d_{i1}, d_{i2}, \cdots, d_{in}]^{\mathrm{T}}$。LE-FWLS-CCR 算法的目标是通过给定的信标节点的坐标（$\{\boldsymbol{x}_i\}_{i=1}^m$）和邻近节点之间的测量信息（如距离信息 $\{d_{ij}\}_{i,j=1}^n$）来逐步估计监测区域内其他节点的位置。

4.4 仿真与实验

本节在 Matlab 平台上，对本章提出的基于 FWLS-CCR 的定位算法进行了分析和评价。在仿真实验中，假设节点部署在二维监测区域中，节点间距离矩阵，采用 RSSI 将信号转化为距离的方法。为了比较实验结果的公正性，本节采用文献[71]和[72]中的信号模型来模拟节点间的信号强度，即

$$\begin{cases} P_{ij} \sim N(\bar{P}_{ij}, \sigma_{dB}^2) \\ \bar{P}_{ij} = P_0 - 10 n_p \lg(d_{ij}/d_0) \end{cases} \tag{4.20}$$

其中，P_{ij} 是节点 i 接收到节点 j 发送的信号功率，单位是 dBm；d_0 是参考距离；n_p 是无线传输衰减系数，与环境相关；$\bar{P}_{ij}$ 是参考距离为 d_0 的点对应的接收信号功率，单位为 dBm；σ_{dB}^2 是阴影方差，n_p 采用文献[102]中实际采集拟合的数据，而对于 σ_{dB}^2，实验假设 $\sigma_{dB}^2 / n_p = 1.2$。

由于递增式算法的覆盖率较高，因此，本节实验主要考察节点的定位精度，定位精度用前述 ALE 作为评测依据。文献[93]和[94]中提出的基于 WLS 位置估计（Location Estimation-WLS，LE-WLS）方法和文献[96]中的基于 IILA 位置估计（Location Estimation-IILA，LE-IILA）算法与本章提出的 LE-FWLS-CCR 算法进行了比较。此外，实验还利用文献[102]中提供的真实场景采集数据进行了对比实验。而且，实验中多重共线性程度用 3.4.1 小节所述的条件指数加以判定，LE-FWLS-CCR 算法取累积方差贡献率大于 90% 的部分数据。

4.4.1 基于测距模型的仿真实验

基于测距模型的实验设置了四种实验场景：①方形区域随机部署节点；②方形区域规则部署节点；③C 形区域随机部署节点；④C 形区域规则部署节点。其

中 C 形区域是由于存在较大障碍物形成的，其主要目的是测评有较大障碍物即非视距情况下的定位性能。为了降低单独一次实验的影响，在不同的场景下每组实验重复进行 50 次，最终报道 50 次的平均指标。实验采用增加信标节点数量的方式考查未知节点最终定位结果的精度，实验中假设节点的有效通信半径为 60m。

1. 规则部署

监测区域内节点的规则部署的主要目的是考查信标节点共线对定位精度的影响问题，而 C 形区域规则部署则是为了考查监测区域内障碍物所造成的非视距问题对定位精度的影响。

在这组实验中，节点规则地部署在 300m×300m 的区域内，其中栅格的边长为 30m，在无障碍物的情况下，此区域共有 121 个节点，C 形区域内放置一个 150m×90m 障碍物，此时节点的个数变为 106 个，实验者在这些节点中选取 5 到 15 个节点作为信标节点，并且假设其位置信息是已知的。图 4.3 所示的是信标节点数为 10 时方形区域内某次部署情况下节点的最终定位结果，其中圆圈表示未知节点，方块表示信标节点，直线连接未知节点的真实坐标和它的估计坐标。

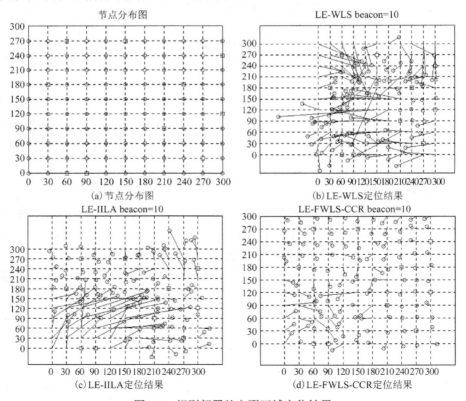

(a) 节点分布图　　　　　　　　　　(b) LE-WLS 定位结果

(c) LE-IILA 定位结果　　　　　　　(d) LE-FWLS-CCR 定位结果

图 4.3　规则部署的方形区域定位结果

图 4.3(a)是节点部署图；图 4.3(b)显示的是基于加权最小二乘的定位结果，其权值取的是理论上最优的误差项方差的倒数，图中的 ALE=70%；图 4.3(c)显示的是嵇玮玮所提出的 LE-IILA 的定位结果，图中的 ALE=43.2%；图 4.3(d)显示的是本章提出的 LE-FWLS-CCR 的定位结果，图中的 ALE=18.2%。

由图 4.3(b)可以看出，LE-WLS 在原始信标节点附件的未知节点定位精度都较高，但由于未考虑多重共线性问题，并且没有抑制噪声的措施，后续通过递增获得位置的节点误差很大；由图 4.3(c)看出 LE-IILA 考虑了误差递增的问题，但未考虑多重共线性问题，此外，由于过于理想化地认为误差仅单调增长并未考虑异方差递增的多样性问题，因而在实验中仅使部分递增区域的节点获得理想的结果，在部分区域定位误差依然很大。本书提出的 LE-FWLS-CCR 综合考虑了定位过程中的异方差、误差递增及多重共线性等问题，因此，定位效果明显高于 LE-WLS 和 LE-IILA。

在同一部署场景中，三种定位算法的多次实验的平均 ALE 随着信标节点数量的变化而变化的曲线描述如图 4.4 所示，由图 4.4 很容易看出 LE-WLS 的误差最大，LE-IILA 次之，而本书提出的 LE-FWLS-CCR 最小。规则部署原始信标节点和新增信标节点间的共线可能性很大，而 LE-WLS 和 LE-IILA 算法都未考虑此因素，且加之噪声未能完全消除，特别是 LE-WLS，其定位过程仅考虑了异方差问题而未考虑噪声递增问题，因而 ALE 曲线波动很大，有时 ALE 接近 180%；而 LE-IILA 仅理想化地考虑噪声递增问题，而未能考虑多重共线性的影响，定位效果虽好于 LE-WLS，但定位效果依然不稳定，有时 ALE 大于 100%，因此 LE-IILA 的定位效果难以满足实际需求；本书所提出的 LE-FWLS-CCR 对递增定位过程中影响精度的多项因素加以考虑，因此定位结果较为稳定，精度明显高于其他几种递增定位算法。

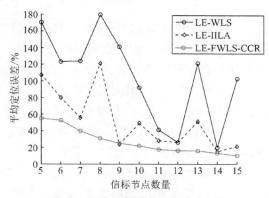

图 4.4 方形规则分布平均定位误差

C 形规则部署定位结果如图 4.5 所示。图 4.5(b)～(d)描述的是在规则部署环境下存在一个障碍物的情况，实验考查的是非视距对定位结果的影响。图 4.5(a) 显示的是节点部署图；图 4.5(b) 显示的是 LE-WLS 的定位结果，图中 ALE=46.8%；图 4.5(c) 显示的是 LE-IILA 的定位结果，图中 ALE=42.2%；图 4.5(d) 显示的是本章提出的 LE-FWLS-CCR 的定位结果，图中 ALE=16.1%。

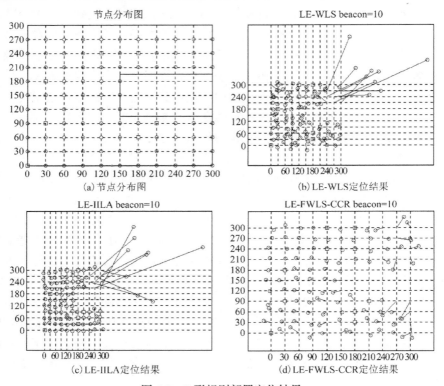

图 4.5　C 形规则部署定位结果

　　递增定位方法通过逐步递增的方式进行定位，因此障碍物的存在并未造成定位覆盖率的下降。而障碍物的"挤压"使得在同样信标节点数量的情况下，信标节点比例高于同样大小却不存在障碍物的部署场景。由于信标节点比例的提高，图中大部分区域定位精度较高。与无障碍物情况类似，LE-WLS 和 LE-IILA 算法由于未能考虑原始和新增信标节点间的多重共线性问题，部分区域内节点定位误差很大，进而影响了定位的整体性能。同样，本节提出的算法依然在存在障碍物的情况下能取得较理想的定位结果。

　　图 4.6 描述的是存在障碍物情况下同一部署场景中，三种定位算法的多次实验的平均定位误差 ALE 随着信标节点数量的变化而变化的曲线。同样，由于未能考虑多重共线性的影响，LE-WLS 和 LE-IILA 定位结果不稳定，两者最

大的 ALE 都大于 100%，而本节提出的定位算法结果较为稳定且精度高于前两种算法。

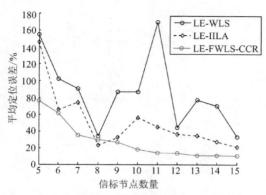

图 4.6 C 形规则分布平均定位误差

2. 随机部署

由于随机部署更贴近实际情况，因此，此场景的实验主要用于考查算法是否能适应不同的真实场景。同样随机部署实验也分两种，即存在障碍物的 C 形区域和不存在障碍物的方形区域。这组实验共有 200 个节点随机部署在 $300m \times 300m$ 监测区域内，同规则部署类似，比较 LE-FWLS-CCR 与 LE-WLS 和 LE-IILA，评价随信标节点数量变化两种算法 ALE 的变化。在存在障碍物的情况下，在部署区域内放置一个 $150m \times 90m$ 的物体，人为地造成节点在此区域内不能通信。实验时我们在这些节点中选取 5 到 15 个节点作为信标节点，并且假设其位置信息是已知的。

图 4.7 是信标节点数为 10 时方形区域内某次部署情况下节点的最终定位结果。

图 4.7(a) 显示的是节点部署图；图 4.7(b) 显示的是 LE-WLS 的定位结果，其权值取的是理论上最优的误差项方差的倒数，图中的 ALE=41%；图 4.7(c) 显示的是嵇玮玮所提出的 LE-IILA 的定位结果，图中的 ALE=18.5%；图 4.7(d) 显示的本章提出的 LE-FWLS-CCR 的定位结果，图中的 ALE=15.2%。图中原始信标节点密集处周围的未知节点定位结果较好，随着递增级数的增加 LE-WLS 的定位效果越来越差；由于考虑误差的增加使得 LE-IILA 好于 LE-WLS，但在某些区域，未知节点的估计结果依旧偏离真实值较远，这是由未考虑新增信标节点及原始信标节点间多重共线性问题所造成的。本节提出的 LE-FWLS-CCR 结果仍然很稳定，且精度高于前两种算法。

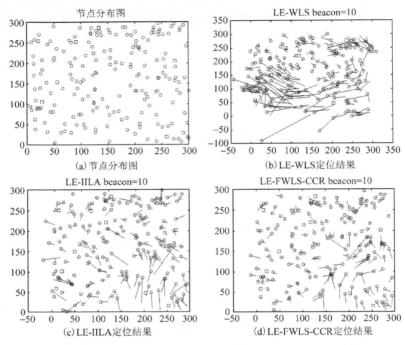

(a) 节点分布图　　　　　　　　　　　(b) LE-WLS定位结果

(c) LE-IILA定位结果　　　　　　　　(d) LE-FWLS-CCR定位结果

图 4.7　方形随机部署定位结果

　　图 4.8 描述的是节点部署在随机场景中，三种定位算法的多次实验的平均定位误差 ALE 随着信标节点数量的变化而变化的曲线。LE-WLS 和 LE-IILA 对应的曲线依然呈现上下起伏状，由于随机部署的随机性远远大于规则部署，造成 LE-WLS 和 LE-IILA 最大 ALE 甚至接近 180%；而本节所提出的算法依然较为稳定，由于充分考虑定位过程中的不利因素，节点的随机部署特性并未造成精度大幅度的降低，反而使精度略有提高。

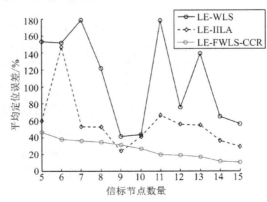

图 4.8　方形随机分布平均定位误差

C 形随机部署定位结果如图 4.9 所示。图 4.9(a)～(d)描述的是存在障碍物的 C 形随机部署区域内某次的定位结果。4.9(a)是某次定位的节点分布图,图 4.9(b)～(d)依次是 LE-WLS、LE-IILA 和 LE-FWLS-CCR 的定位结果,采用三种算法定位的最终 ALE 分别是 38.6%、15.6%和 13.1%。图 4.9 中很明显地显示了递增定位的痕迹,即逆时针逐级地进行位置估计。障碍物的存在造成单位区域内信标节点比例高于方形随机部署,因此,在级别较低时三种算法的未知节点估计精度都较高,但随着级数的增加,三种算法的优劣就呈现出来。

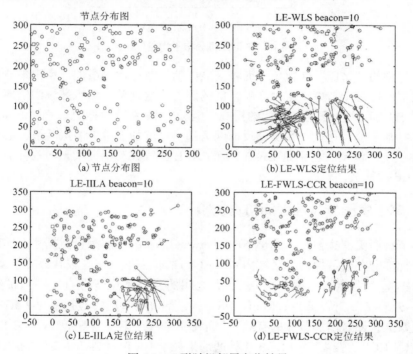

图 4.9 C 形随机部署定位结果

LE-WLS 未考虑误差的抑制和多重共线性问题,其较高级数定位误差大;LE-IILA 虽然一定程度上考虑了误差递增问题,但未考虑多重共线性问题,定位结果得到一定改善,但部分区域的定位结果仍然较差;与前三种场景定位结果类似,本节所提出的算法仍然能取得较为稳定和优良的定位精度。

图 4.10 显示了节点部署在有障碍物的随机场景中,三种定位算法的多次实验的平均定位误差 ALE 随着信标节点数量的变化而变化的曲线。

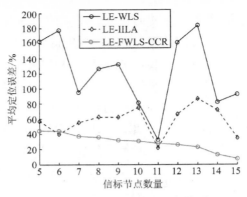

图 4.10 C 形随机分布平均定位误差

障碍物的"挤压"使得单位面积区域内信标节点比例增加，由于本节提出的算法在定位过程中考虑了多种影响精度的因素，这种单位面积区域内信标节点比例的增加反而促进了定位精度的提高，且定位效果较为稳定；而 LE-WLS 和 LE-IILA 却不能利用这种情况，反而因为随机性增加了信标节点共线，最终造成 ALE 曲线上下波动，特别是 LE-WLS 的 ALE 曲线波动幅度大于前三种部署场景中的 ALE 曲线波动幅度。

4.4.2 基于实际测量数据的仿真实验

本节利用美国犹他州立大学 Neal Patwari 提供的实际测量数据集。实验布置在一个标准的办公区域内，区域为 12m×14m 的长方形，该区域共部署了 44 个节点(其中 4 个节点为信标节点)，节点之间的通信利用宽带直接序列扩频方式(Direct-Sequence Spread-Spectrum，DS-SS)，部署的节点中心频率为 2.4GHz。利用此组数据，通过增加节点的有效通信半径，本节比较了 LE-WLS、LE-IILA 和 LE-FWLS-CCR。表 4.1 显示，在 4 种通信半径下 LE-FWLS-CCR 定位结果均优于其他两种定位算法，详见表 4.1。

表 4.1 基于实际 RSSI 测量数据集的平均定位误差比较

无线通信半径/m	LE-WLS 平均定位误差/%	LE-IILA 平均定位误差/%	LE-FWLS-CCR 平均定位误差/%
6.5	99.1	46.6	20.8
7	81.8	39.6	19.6
7.5	70.23	41.3	18.4
8	83.51	49.12	15.51

图 4.11 显示的是通信半径为 7m 时三种算法的定位结果，其中图 4.11(a)显示

节点部署情况;图 4.11(b)显示的是 LE-WLS 定位结果,其 ALE=81.8%;图 4.11(c)显示的是 LE-IILA 的定位结果, 其 ALE=39.6%; 图 4.11(d)显示的是本章提出的 LE-FWLS-CCR 定位方法的定位结果, 其 ALE=19.6%。

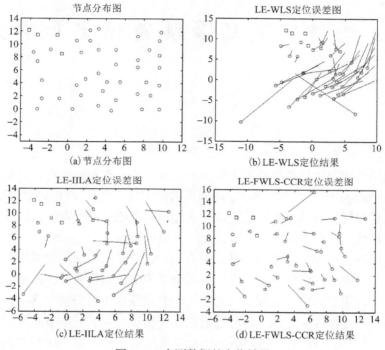

图 4.11 实测数据的定位结果

由图 4.11 可以看出,图 4.11(b)的定位结果显示, 仅在原始信标节点附近未知节点定位结果较为理想;图 4.11(c)的定位结果显示远离原始信标节点的未知节点定位结果好于图 4.11(b);而图 4.11(d)的定位结果是三张图中最好的。

4.5 本 章 小 结

本章将 FWLS 和 CCR 在定位过程中相结合, 在用 CCR 对定位数据处理后利用 FWLS 去估计未知节点位置。CCR 事先解决并消除了部分含有噪声和多重共线性的数据, 再利用实际可行的 FWLS 解决异方差对定位的影响, 因而定位效果更加稳定且定位精度更高, 效果和适用性明显优于以往的递增式定位算法。

5 一种改进的多跳递增定位算法

5.1 概 述

根据传感网定位过程中是否用到测距技术，节点定位一般可分为基于测距和距离无关(Range-free)的定位算法。距离无关的定位算法对硬件要求较低，且定位精度也相对较低；而基于测距的定位技术能够实现较精确的定位，但其受到自组织性、健壮性、能量高效性和分布式计算等要求的挑战。

在常见的应用中，节点的部署区域范围大，而节点的质量和携带的能量又限制了节点仅仅通过一跳就可与部署区域内所有的节点进行通信。递增定位算法能有效解决大范围节点定位问题。该方法从锚节点逐步传播到整个网络，依次向外延伸，各节点逐次进行定位。这种递增定位算法在定位时一个节点只涉及局部信息(即通信半径内邻居节点的信息)，因此提高了通信的效率。然而，与众多关键技术一样，在实际应用中递增式定位技术性能仍然受到诸多技术难题的困扰，其中最致命的是误差累积问题，即前一次定位误差影响到下一次的定位性能，并且这种影响具有累积性。这种误差的累积现象必然导致前一次误差项的方差与后一次定位误差项的方差不一致，而这种现象又被称为异方差。若定位估计过程中出现异方差现象，则用传统的普通最小二乘法估计未知节点位置，得到的节点坐标估计值可能不是有效估计量，甚至也不是渐近有效的估计量。在递增定位过程中，若不能对误差累积进行有效的处理，所获得的估计值变异程度增大，从而造成对未知节点坐标的预测误差变大，降低预测精度，估计出的结果有时会变得毫无意义。针对递增定位中异方差的问题，提出一种更符合实际环境下使用且计算复杂度相对较低、定位精度较高、适应能力更强的递增定位算法，即递增定位算法——规则化迭代重加权最小二乘(Incremental Localization Algorithm-Regularized Iteratively Reweighted Least Square，ILA-RIRLS)。ILA-RIRLS算法通过迭代对定位估计进行修正，进而减少误差累计的影响，从而提高定位性能，使算法适应不同的环境。

5.2 节点坐标估计

5.2.1 误差分析

考虑 $m+n$ 个节点 $\{S_i\}_{i=1}^{m+n}$ 部署在一个几何空间 $c\subseteq\mathbb{R}^p$。假设 $\boldsymbol{x}_i=(x_i,y_i)\in\mathbb{R}^p$ 意味着节点 S_i 的真实坐标。不失一般性，前 m 个节点位置事先已知，这部分已知位置节点被称为锚节点，剩余的 n 个节点位置未知。假设部署区域内每个节点都能在通信半径内传输定位数据给相邻的邻居节点。在递增定位算法中，则存在三类节点，即原始锚节点、从待定节点更新成新锚节点的节点和未知节点。递增定位算法实质上是一种变形的间接利用锚节点的定位方法，定位开始时，原始锚节点首先向外发送信息，通信范围内的节点接收到此信息，当待定位节点接收到 3 个或 3 个以上原始参考节点发出的信息后，未知节点利用最小二乘估计法可以定位并成为新的锚节点。这些新的锚节点也向外发送信息，此时若剩余未定位节点接收到 3 个或 3 个以上锚节点信息(包括原始锚节点和新的参考节点的信息)，也可进行位置估计。此过程反复进行直到可被定位节点都被确定位置。图 5.1 显示的是递增定位算法的过程。

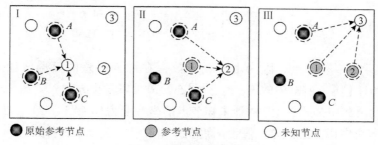

图 5.1   递增式定位算法

上述定位过程中，假设原始锚节点位置无误差，但节点间距离测量误差的存在，也会导致新锚节点的定位存在误差，而在后续的定位过程中，新锚节点位置误差和距离测量误差势必会放大下一次的定位误差。因此，尽量抑制误差累积和传播是大多数递增定位算法所关心的问题。然而，在真实环境中，节点部署情况难以事先预测，可能存在如下的实例。

存在三个参考节点(R_3 为新增信标节点)和一个未知位置节点 [图 5.2(a)]，假设它们真实位置如表 5.1 所示。

表 5.1　　三个参考节点和一个未知节点的坐标实际值

坐标轴	R_1	R_2	R_3	U
x 轴	2	2	10	3.5
y 轴	5	12	25	10

假设在理想情况下，由式 (2.9) 可得

$$A = 2 \times \begin{bmatrix} (2-10) & (5-25) \\ (2-10) & (12-25) \end{bmatrix} = -2 \times \begin{bmatrix} 8 & 20 \\ 8 & 13 \end{bmatrix} \tag{5.1}$$

不考虑误差的情况下，R_1、R_2、R_3 三个参考节点到未知节点 U 的距离分别是

$$
\begin{aligned}
d_1^2 &= \sqrt{(2-3.5)^2 + (5-10)^2} = \sqrt{27.25} \\
d_2^2 &= \sqrt{(2-3.5)^2 + (12-10)^2} = \sqrt{6.25} \\
d_3^2 &= \sqrt{(10-3.5)^2 + (25-10)^2} = \sqrt{267.25}
\end{aligned}
\tag{5.2}
$$

而根据式 (2.10) 可得

$$b = \begin{bmatrix} x_1^2 - x_3^2 + y_1^2 - y_3^2 + d_3^2 - d_1^2 \\ x_2^2 - x_3^2 + y_2^2 - y_3^2 + d_3^2 - d_2^2 \end{bmatrix} = \begin{bmatrix} -456 \\ -316 \end{bmatrix} \tag{5.3}$$

R_3 是新增参考节点，因为上一轮定位存在计算误差使获得估计坐标变为 $(5,12.500001)$［图 5.2(b) 中的 R_{22}］。从图 5.2(b) 可以看出 R_1、R_{22}、R_3 三个节点几乎共线，则再利用公式 (2.13) 估计未知节点的坐标变为 $(0.44,11.52)$［图 5.2(b) 中的 U_1］。若再考虑测距误差，假设测距误差造成公式 (2.10) 发生变化

$$b = \begin{bmatrix} -459 \\ -316 \end{bmatrix} \Rightarrow b = \begin{bmatrix} -456 \\ -285 \end{bmatrix} \tag{5.4}$$

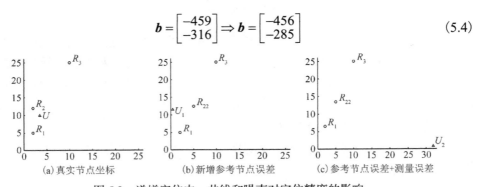

(a) 真实节点坐标　　　　　(b) 新增参考节点误差　　　　(c) 参考节点误差+测量误差

图 5.2　递增定位中，共线和噪声对定位精度的影响

则未知节点 U 的估计坐标变为 $(32.06, -1.13)$ 〔图 5.2(c) 中的 U_2〕。

从上述实例中，可以很清楚地发现，累积误差也有可能使参考节点（原始参考节点或新增参考节点）间出现共线问题，造成估计值偏离实际值。加之测量误差会使估计值远远偏离实际值，因此，在递增定位运算过程中，不仅要弱化、减少误差累积问题，而且要避免原始参考节点间的共线问题，更要避免新增参考节点间，以及新增参考节点与原始参考节点间的共线问题。

节点间共线问题，是由节点在空间中共处一条直线或所处位置近似处于一条直线，导致计算时公式 (2.15) 中的 A^TA 为零或接近零，进而使得 A^TA 的逆无穷大或很大，最终导致估计误差很大，甚至不可得。A^TA 为零或接近零导致 A^TA 的逆难求的问题，理论上被称为不适定问题 (Ill-posed)[100, 103]。规则化方法是常见的、极有效的解不适定问题的方法[100]。规则化方法通过加入一惩罚项来有效地避免 A^TA 为零或接近零问题，加入惩罚项还能提高节点估计的泛化能力。虽然加入惩罚项的方法损失了估计过程的部分性能，却提高了定位的性能及估计精度。本课题在递增定位算法中不仅考虑弱化累积误差，还兼顾考虑了（原始或新增）参考节点共线问题。

5.2.2　定位算法

通过 5.2.1 小节误差分析可知，在递增定位过程中存在三种类型的误差问题的影响，即测量误差、累积误差和锚节点共线影响。采用普通的最小二乘法便可以有效地消除测量误差，而累积误差则是由上一轮定位误差的累积造成的，若能有效地消除上一轮的定位误差便可避免累积误差。受此启发，为消除上一轮的误差影响，研究人员[104]提出了以误差项方差的倒数为权值的加权最小二乘法。权值 W 的取值已有很多论述，但误差项在实际环境中难以事先获知，我们可以借用拟合获得残差估计值指引权值的选取。

本节采用一种规则化的迭代重加权最小二乘 (Iteratively Reweighted Least Square，IRLS) 法。利用每次计算的残差作为权重设定的参考依据，同时迭代重加权算法还具有削弱粗大误差、网络攻击、数据缺失等能力[105]，进而使得算法具有鲁棒性；此外为了避免锚节点共线造成定位估计计算问题，算法在迭代重加权基础上还采用规则化的方法。

在定位初期阶段，未知节点利用周围存在的原始锚节点采用最小二乘法进行位置估计，并将能定位的节点升级为新锚节点，其估计值采用式 (2.15) 计算。随后，新锚节点和原始锚节点联合起来对未知节点进行估计，为消除异方差对后续定位的影响，引入权重矩阵 W（W 由残差指导生成），则式 (2.15) 变为

$$\hat{x} = \left(A^{\mathrm{T}}WA\right)^{-1} A^{\mathrm{T}}Wb \tag{5.5}$$

而加权矩阵 W 由回归残差迭代产生，其产生过程如下。

(1) 设定一迭代游标为 $I = 0$，此时利用 OLS 估算出初始坐标估计值 $\hat{x}^{(0)}$。

(2) 从初始的 OLS 估算中算出残差 $e_i^{(0)}$，并用其来计算初始权重。

(3) 选择一个权函数，并将之用于初始的 OLS 残差，产生出预备权数 $w\left(e_i^{(0)}\right)$。

其中，常见的权函数有 Huber 权重函数、Tukey 权重函数、Andrew 权重函数、Ramsay 权重函数等[69]，它们的定义如表 5.2 所示，本书选择 huber 权重函数。

表 5.2　常见目标函数和影响函数

权函数	目标函数	影响函数
Least Square	$\rho_{LS}(\mu) = \dfrac{1}{2}\mu^2$	$\omega_{LS}(\mu) = 1$
Huber	$\rho_H(\mu) = \begin{cases} \dfrac{1}{2}\mu^2 & , \mu \leqslant c \\ c\lvert\mu\rvert - \dfrac{1}{2}m^2 & , \mu > c \end{cases}$	$\omega_H(\mu) = \begin{cases} 1 & , \mu \leqslant c \\ c/\lvert\mu\rvert & , \mu > c \end{cases}$
Bisquare weight	$\rho_{BH}(\mu) = \begin{cases} \dfrac{c^2}{6}\left\{1 - \left[1 - \left(\dfrac{\mu}{c}\right)^2\right]^3\right\} & , \lvert\mu\rvert \leqslant c \\ \dfrac{c^2}{6} & , \mu > c \end{cases}$	$\omega_{BH}(\mu) = \begin{cases} \left\{\left[1 - \left(\dfrac{\mu}{c}\right)^2\right]^3\right\} & , \lvert\mu\rvert \leqslant c \\ 0 & , \mu > c \end{cases}$
Andrew	$\rho_A(\mu) = \begin{cases} c\{1 - \cos(\mu/c)\} & , \lvert\mu\rvert \leqslant c\pi \\ 2c & , \lvert\mu\rvert > c\pi \end{cases}$	$\omega_A(\mu) = \begin{cases} \dfrac{\sin(\mu/c)}{\mu/c} & , \lvert\mu\rvert \leqslant c\pi \\ 0 & , \lvert\mu\rvert > c\pi \end{cases}$
Ramsay	$\rho_R(\mu) = \begin{cases} \dfrac{1 - e^{-c\lvert\mu\rvert(1+c\lvert\mu\rvert)}}{c^2} \end{cases}$	$\omega_R(\mu) = e^{-c\lvert\mu\rvert}$

其中，c 为常数。

(4) 第一次迭代，设 $I = 1$，用加权最小二乘法最小化 $\sum w_i e_i^2$ 并且得到 $\hat{x}^{(1)}$。

$$\hat{x}^{(1)} = \left(A^{\mathrm{T}}WA\right)^{-1} A^{\mathrm{T}}Wb \tag{5.6}$$

其中，$W = \mathrm{diag}\left\{w_i^{I-1}\right\}$。

(5) 程序继续使用初始的 WLS 得到的残差计算新的权重 $w_i^{(2)}$。

(6)新权重 $w_i^{(2)}$ 将用在下一次 WLS 迭代中，设 $I=2$，估计出新的坐标值 $\hat{x}^{(2)}$。

(7)重复步骤(4)~(6)，直至坐标估计值 $\hat{x}$ 稳定。

一般来说，迭代一直继续，直到 $\hat{x}^{(I)} - \hat{x}^{(I-1)} \approx 0$。通常来讲，当估计结果的变化量不超过上一次迭代的 0.01%[69]，解被认为得到收敛。

值得注意的是，IRLS 算法是迭代推进的，其每一步最优估计值 $\hat{x}_i$ 的推导是假设 $A^T W A$ 中不存在共线问题，然而不幸的是 IRLS 算法可以消除累积误差所导致的异方差的干扰，但并不保证能消除 $A^T W A$ 中的共线问题。因此，在迭代过程中需要采取相应的策略避免共线性造成算法不可解的问题。岭回归方法是一种可以有效地消除共线问题的规则化方法，它由 Hoerl[86]在 1962 年提出，通过引入偏移量 k（又被称为岭参数），以牺牲估计的无偏性换取估计方差的大幅度减小，最终达到提高估计精度和稳定性的目的。等式(5.7)在引入岭参数 k 后，得到新的估计模型 $\hat{x} = \left(A^T W A + kI\right)^{-1} A^T W b$。岭回归方法的关键是如何选取合适的岭参数，岭参数的选择可以采用交叉检验或 L-curve 方法，但需要一定量的计算代价，考虑到一般 $\left\| A^T W A \right\| < 0.01$ 为病态矩阵[106]，因此本书设 $k = 0.01$。

5.3 性 能 分 析

无线网络具有规模大的特点，验证一个定位算法可能需要部署成百上千个节点，而目前的实验条件下还没有办法实现如此大规模的真实网络。此外，评价一个定位算法的优劣通常还需要在不同场景下验证其适应性，有时还需在某同一场景下调整算法的参数，这些在目前实验条件下都较难以实现。因此，大规模节点定位算法的研究通常利用软件仿真的方式评价定位算法的优劣。

在仿真实验中，假设节点部署在二维监测区域中，节点间距离矩阵采用 RSSI 信号转化为距离的方法。为了比较实验结果的公正性，本节采用文献[102]中的信号模型来模拟节点间的信号强度，即公式(1.2)。

递增式算法的覆盖率较高，因此，本节实验主要考查节点的定位精度，定位精度用均方根（Root Mean Square，RMS）作为评测依据，其定义如下

$$\text{RMS} = \sqrt{\frac{1}{N_t} \sum_{i=1}^{N_t} \left[\left(\hat{x}_i - x_i\right)^2 + \left(\hat{y}_i - y_i\right)^2 \right]} \tag{5.7}$$

其中，$\left(\hat{x}_i, \hat{y}_i\right)$ 是第 i 个节点的估计坐标位置，$\left(x_i, y_i\right)$ 是第 i 个节点实际坐标位置；N_t 是可定位节点数量。

实际环境存在大量的移动人群、大型物品遮挡等非视距问题。因此，实验考查两种定位情况，即方形区域无遮挡节点随机部署；有遮挡随机部署，部署形状呈 C 形。首先考查两组最终定位结果，如图 5.3 所示。在 1000m×1000m 区域内部署了 500 个节点，其中原始信标节点 60 个，通信半径设为 80。图中，实心"★"表示锚节点位置，"*"表示未知节点真实位置，"○"表示只利用原始锚节点获得的估计位置，"◇"表示利用新锚节点和原始锚节点获得的估计位置，直线连接未知节点的真实坐标和它的估计坐标，直线越长，定位误差越大。

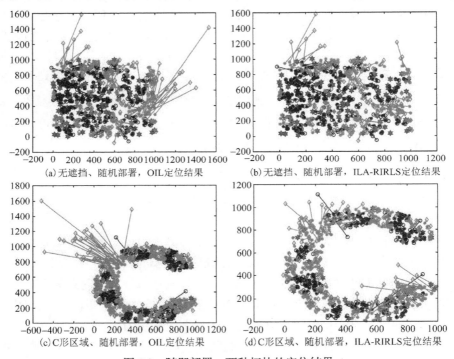

(a)无遮挡、随机部署，OIL定位结果　　　(b)无遮挡、随机部署，ILA-RIRLS定位结果

(c)C形区域、随机部署，OIL定位结果　　　(d)C形区域、随机部署，ILA-RIRLS定位结果

图 5.3　随即部署、两种拓扑的定位结果

图 5.3(a)显示的是无遮挡区域节点随机部署普通递增算法的定位结果，其 RMS=6.86；在考虑了误差累积和锚节点之间的共线问题后，从图 5.3(b)易看出，在相应部署条件下，本章提出的 ILA-RIRLS 定位结果明显优于普通递增定位算法，图中的 RMS=5.28。图 5.3(c)显示的是有遮挡节点随机部署普通递增算法的定位结果，未考虑累积误差和锚节点间的共线，造成估计位置严重偏离真实位置，其区域中的定位 RMS=7.31；同样，由于本章提出的 ILA-RIRLS 考虑了递增定位误差累积和锚节点间共线问题，图 5.3(d)显示的是 ILA-RIRLS 在相应部署条件下的定位结果，易看出其明显优于普通递增定位算法，其 RMS=6.26。

　　为避免每种部署区域场景中单次实验不能反映算法的优劣情况，我们还在同一部署场景中，对两种定位算法进行了多次(实验进行了 100 次)重新部署实验，取多次实验 RMS 的均值作为性能评价依据。图 5.4 显示的是多次实验的 RMS 的均值随着锚节点数量(锚节点数从 10%增至 20%)变化而变化的柱状图，其中，图 5.4(a)显示的是无遮挡区域节点随机部署定位误差变化柱状图，图 5.4(b)显示的则是有遮挡节点随机部署定位误差变化柱状图。

　　部署的随机性导致原始锚节点间存在很大的共线问题，而且累积误差问题使得情况更加复杂。普通递增定位算法未对上述问题加以考虑，因而 RMS 值波动很大，在实验中，对于无遮挡区域节点随机部署，RMS 值在 6.63 至 9.26 之间，而在有遮挡区域节点随机部署情况下，RMS 值在 4.28 至 9.20 之间。在图 5.4(a)中，锚节点数为 80 时的 RMS 值明显大于锚节点数为 70 时的值，在图 5.4(b)中，锚节点数为 90 时 RMS 值明显大于锚节点数为 80 时的值，这都是由于未考虑在锚节点数量多时可能出现共线的概率变大。本章提出的算法考虑到递增定位过程中上述两个问题，因此 RMS 值随锚节点数量的增加呈现递减状况，相应的 RMS 值分别介于 4.87 至 8.07 和 3.5 至 7.68。由于遮挡区域中单位面积内节点数量高于无遮挡区域，因此，相应遮挡区域的 RMS 值小于无遮挡区域的 RMS 值。

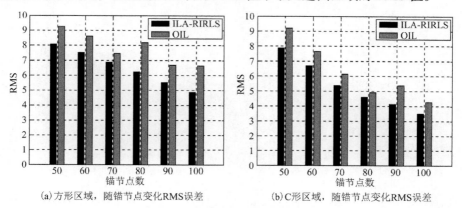

(a)方形区域，随锚节点变化RMS误差　　　　(b)C形区域，随锚节点变化RMS误差

图 5.4　RMS 误差变化柱状图

5.4　本 章 小 结

　　本章将规则化迭代重加权最小二乘(Regularized Iteratirely Reweighted Least Square，RIRLS)方法和递增定位相结合，采用 RIRLS 方法中的迭代再加权方法指引权重的选取进而减少累积误差造成的异方差问题；利用 RIRLS 方法中规则化方

法避免递增定位中原始锚节点之间、新增锚节点之间及原始锚节点与新增锚节点间的共线问题，且在定位过程中使用经验岭参数的方法，避免复杂的选参过程，使得所提出的方法切实可用，因而定位效果更加稳定且定位精度更高，效果和适用性明显优于以往的递增式定位算法。

6 基于线性规则化的多跳定位算法

6.1 概　　述

　　无线网络节点可被部署到人员难以到达的危险区域，因而其常被用于大规模的数据采集或环境监控。如何研制适合大规模应用，且成本低、精度高的无线定位系统是无线网络中的主要任务之一。

　　目前，最常用的位置获取方式是利用人工配置节点位置或通过节点上加装 GPS 接收设备。但上述两种方式存在费时、费力且成本高等问题，这使得它不适用于大规模环境下的定位应用。为了避免人工配置方式的局限性，研究人员根据无线网络的连通、多跳等特性，利用事先获取部分节点的位置和跳数信息，而后推算出其余节点的位置信息。这种估计位置方法又被称为多跳定位，其原理是用跳距(平均每跳距离×跳数)来代替节点间的物理距离，获取节点的估计位置。常见的多跳定位方法有 DV-Hop[89]、Amorphous[107]等。多跳定位方法相对成本较低，但定位精度受制于节点的分布情况。当节点分布较均匀时定位精度较高，而节点分布受到物体的遮挡时网络出现各向异性现象，这种现象导致定位精度急剧下降。针对各向异性的问题，Lim 和 Hou[108]采用基于截断奇异值分解 (Truncated Singular Value Decomposition, TSVD) 的规则化方法提出了邻近距离映射 (Proximity Distance Map, PDM) 定位方法，该方法通过建立信标节点间跳数—距离映射关系，并依据这个映射关系推算出信标节点到未知节点间的估计距离。受 PDM 方法的启发，Lee 等[109]提出支持向量机回归定位 (Localization Though Suppose Vector Regression, LSVR) 和多维支持向量机回归 (Multi-Dimensional Support Vector Regression, MSVR) 方法，它们视跳数与距离为一种非线性关系，利用基于支持向量机 (Support Vector Machine, SVM) 的回归方法预测节点间的距离。PDM、LSVR 和 MSVR 方法都能有效地解决网络的各向异性问题，提高定位精度，但它们采用的核心算法计算复杂度都非常高，这容易造成计算、存储能力都不高的节点过早的失点或死机，因而不适合真正的实际应用场景。此外，PDM 方法忽视了跳数与距离量纲转换问题，而 LSVR、MSVR 方法中的核参数非常难选，这些都造成它们的定位精度下降。

　　本章受 PDM 方法启发，针对 PDM 及其改进方法计算复杂度过高的问题，提出了一种忍耐网络拓扑各向异性的大规模多跳定位方法，即通过岭回归的定位（Localization through Ridge Regression，LRR），该方法通过岭回归训练并学习跳数—距离映射关系，以损失部分信息为代价获得更符合实际、更可靠的跳数—距离关系，同时保持较低的计算复杂度。

6.2　基于岭回归的多跳定位算法

6.2.1　问题阐述

　　考虑一个二维空间区域，存在一个无线网络 $S = \{S_1, S_2, \cdots, S_{m+n}\}$，其中包含 m 个信标节点和 n 个未知节点，网络中节点的坐标可以用等式 (6.1) 表示为

$$\mathrm{cor}(S_p) = (x_p, y_p)^{\mathrm{T}}, \ p = 1, 2, \cdots, m+n \tag{6.1}$$

　　在 S 中，m 个信标节点 $S_i \in B$ 的位置是已知的，而其余 n 个节点 $S_j \in U$ 的位置是未知的，其中 $B \triangleq \{S_i | i = 1, 2, \cdots, m\}$，$U \triangleq \{S_j | j = m+1, \cdots, m+n\}$。节点 S_i 到 S_j 的距离可由等式 (6.2) 表示为

$$d(S_i, S_j) = \|\mathrm{cor}(S_i) - \mathrm{cor}(S_j)\|$$
$$= \sqrt{(x_i - x_j)^2 + (y_i - y_j)^2} \in \mathbb{R}^2 \tag{6.2}$$

　　而节点 S_i 到 S_j 的跳数可表示为 $h(S_i, S_j) \in H \triangleq \{0, 1, 2, \cdots\}$，因此定位问题可以被公式化为

$$\begin{aligned} &\text{Estimate cor}(S_k) \\ &\text{Given cor}(S_i), d(S_i, S_j), \text{and} h(S_i, S_k) \end{aligned} \tag{6.3}$$

其中，$S_i, S_j \in B$，$S_k \in U$，由此，可获得跳数与距离之间的映射关系，即

$$\boldsymbol{D} = \boldsymbol{H}\boldsymbol{\beta} + \boldsymbol{e} \tag{6.4}$$

其中，$\boldsymbol{D}$、$\boldsymbol{H}$ 分别是相关节点间的距离矩阵和跳数矩阵；$\boldsymbol{\beta}$ 是回归系数；$\boldsymbol{e}$ 是测距误差。

6.2.2 定位算法

基于岭回归的多跳定位(LRR)算法，其定位过程由三部分组成。

1. 测量

假设 $h_i = \left[h_{i,1}, \cdots, h_{i,m} \right]^{\mathrm{T}}$ 是信标节点 S_i 到其余信标节点的跳数向量，则信标节点间的跳数矩阵可表示为：$H = \left[h_1, \cdots, h_m \right]$；相对应信标节点间距离向量、矩阵可表示为：$d_i = \left[d_{i,1}, \cdots, d_{i,m} \right]^{\mathrm{T}}$，$D = \left[d_1, \cdots, d_m \right]$。

每个信标节点 S_i 向网络中其余节点广播其所在位置，并和网络中未知节点 S_j 相互交换跳数信息。

2. 训练

网络中每个信标节点 S_i 利用信标节点间跳数矩阵 H，以及相应的距离矩阵 D，训练并获得跳数与距离的最优关系，即最小化两者间的误差，因此可得

$$\beta = \left(\tilde{H}^{\mathrm{T}} \tilde{H} + \xi I \right)^{-1} \tilde{H}^{\mathrm{T}} \tilde{D} \tag{6.5}$$

为了消除跳数与距离单位间的量纲差异，算法对 H 和 D 进行了中心化处理，其中，$\tilde{H}$ 和 $\tilde{D}$ 分别是 H 和 D 中心化后的矩阵。

由于跳数矩阵中的元素都为整数值，极易导致 $\left\| H^{\mathrm{T}} H \right\| \approx 0$ 或 $\left\| H^{\mathrm{T}} H \right\| = 0$；同时考虑到当信标节点过多时极易发生过拟现象，因此，在训练过程中，在 $\tilde{H}^{\mathrm{T}} \tilde{H}$ 矩阵中加上 $kI(k > 0)$，则式 (6.5) 就转化为

$$\beta_{\mathrm{train}} = \left(\tilde{H}^{\mathrm{T}} \tilde{H} + \xi I \right)^{-1} \tilde{H}^{\mathrm{T}} \tilde{D} \tag{6.6}$$

此时，无线网中可获得 m 个训练模型 $\beta_{\mathrm{train}} = (\beta_1, \cdots, \beta_m)$，并广播给网络中每个节点 S_p。

3. 定位

每个未知节点 S_j 利用其到信标节点的跳数矩阵 H_{test} 和之前的训练模型 β_{train} 预测出其到未知节点的距离 D_{pred}，即

$$D_{\mathrm{pred}} = \tilde{H}_{\mathrm{test}} \beta_{\mathrm{train}} + \mathrm{repmat}(\tilde{h}, n) \tag{6.7}$$

其中，$\tilde{H}_{\mathrm{test}}$ 是 H_{test} 中心化处理后的矩阵，$\tilde{h}$ 是 H 的列均值，$\mathrm{repmat}(\tilde{h}, n)$ 是 $\tilde{h}$ 的 n 行的堆叠。

6.3　性　能　分　析

6.3.1　复杂度分析

LRR 方法的复杂度主要由其通信和计算复杂度组成。LRR 方法与 DV-Hop、Amorphous、PDM、LSVR、MSVR 方法通信过程相似，每个节点都需通过洪泛的方式来计算节点间的跳数，因而它们的通信开销是一样的。六种方法的通信开销都约为 $O(n^2 m)$，其中 n 为节点个数，m 为信标节点个数。每个未知节点获取其到信标节点的跳距后，DV-Hop 和 Amorphous 方法采用最小二乘法估计未知节点位置，这需要用 $O(m^3)$ 计算开销；PDM 方法先采用 TSVD 对数据处理，这也需要用 $O(m^3)$ 计算开销，而后再使用最小二乘法进行运算，因此 PDM 方法计算代价较 DV-Hop 和 Amorphous 方法的高；LSVR、MSVR 采用基于 SVM 的回归方法，SVM 求解过程需解一个二次规划问题[110]，依据优化方式的不同，其计算复杂度一般介于 $O(m^2) \sim O(m^3)$，但由于基于传统 SVM 的回归方法是多输入单输出，因而，对于 m 个训练样本，其建模的计算代价为 $O(m^3) \sim O(m^4)$，此外，核参数、惩罚系数和不敏感损失函数宽度的选取也需要一定量的计算代价，且很难获得最优；LRR 采用类似于最小二乘的岭回归方法，在岭参数选好后的计算开销为 $O(m^3)$，若采用文献[111]中的方法，计算开销可降低到 $O(m^2 \log m)$，对于岭参数的选择可以采用交叉检验或 L-curve 方法，但其需要一定量的计算代价，考虑到一般 $\|H^{\mathrm{T}} H\| < 0.01$ 为病态矩阵[106]，因此本书取固定值的岭参数，即 $\xi = 0.01$。

6.3.2　仿真与性能分析

为了评估 LRR 算法的性能，本节利用数据仿真软件 Matlab R2013b 对其进行评估，还与常见的 DV-Hop、Amorphous、PDM 和 LSVR 多跳非测距方法进行了比较。实验考虑了不同阶段部署拓扑情况和不同的信标节点数量。因每种部署区域场景中单次实验不能反映算法的优劣情况，所以针对每种实验环境，在其区域内仿真 100 次，每次实验里节点都将重新部署，统计 100 次定位的实验结果，取评价指标的均值作为评价依据。实验考虑两种部署和六种拓扑场景，即节点分别均匀随机和均匀规则地部署在 C 形、G 形、X 形、Y 形、Z 形和 W 形的二维平面中。实验区域设定为 1000m×1000m，所有实验通过改变节点分布方式来验证网络拓扑各向异性对算法性能的影响，它们某次实验的拓扑情况如表 6.1 所示。

表 6.1 两种部署六种拓扑形状

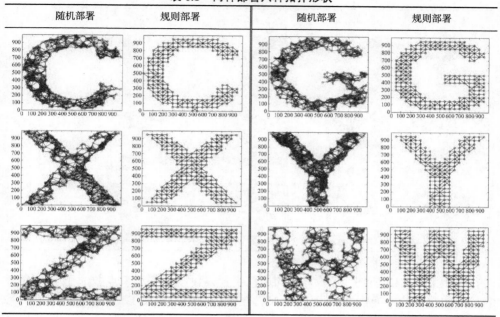

随机部署	规则部署	随机部署	规则部署

表 6.2 显示的是某次实验中 DV-Hop、Amorphous、PDM、LSVR 和 LRR 定位方法在随机部署中的实验结果。圆圈表示未知节点，方块表示信标节点，直线连接未知节点的真实坐标和估计坐标，直线越长，定位误差越大。

表 6.2 在随机部署环境中，五种定位方法的定位结果

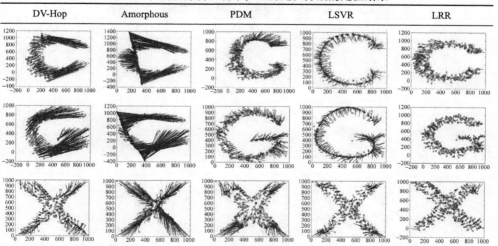

DV-Hop	Amorphous	PDM	LSVR	LRR

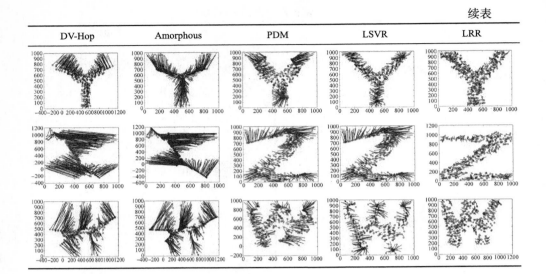

参照文献[112]所述，实验设定的通信半径是以平均邻近节点数大于 6 为参考的，因此在实验中通信半径设定为 70，在网络中随机分布了 60 个信标节点；另外 LSVR 算法的核参数设定为训练样本均值的 50 倍、惩罚系数 C 和不敏感损失函数的宽度选择参考文献[113]中的方法。

表 6.3 显示的是某次实验中 DV-Hop、Amorphous、PDM、LSVR 和 LRR 定位方法在规则部署中的实验结果，实验中设定通信半径仍然为 70，网络中包含了 20 个信标节点。

表 6.3 在规则部署环境中，五种定位方法的定位结果

DV-Hop	Amorphous	PDM	LSVR	LRR

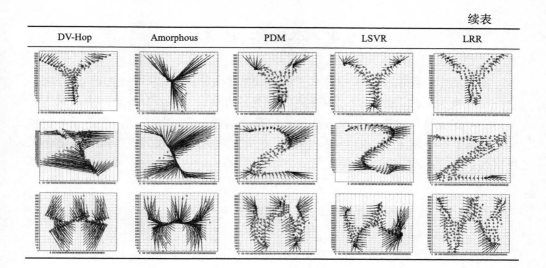

图 6.1(a)显示 DV-Hop 的 RMS 值在 8.63 到 17.51 之间，Amorphous 的 RMS 值在 12.91 到 20.76 之间，PDM 的 RMS 值在 8.38 到 10.48 之间，LSVR 的 RMS 值在 7.32 到 11.07 之间，LRR 的 RMS 值在 5.65 至 6.6 之间；图 6.1(b)显示 DV-Hop 的 RMS 值在 8.47 到 19.6 之间，Amorphous 的 RMS 值在 15.22 到 18.9 之间，PDM 的 RMS 值在 9.05 到 10.28 之间，LSVR 的 RMS 值在 8.27 到 10.97 之间，LRR 的 RMS 值在 5.72 至 6.93 之间。由此可见 LRR 定位误差远小于其余算法，因此 LRR 对物体的遮挡造成拓扑各向异性不敏感。

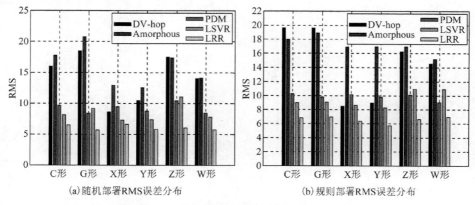

图 6.1　五种算法在不同拓扑环境、信标节点数量下的 RMS 误差分布

6.4　本 章 小 结

在本章中，我们提出了一种基于岭回归的多跳定位方法——LRR，该方法将定位问题视为回归问题，通过构建跳数与距离的映射关系，有效地解决了网络各向异性对定位精度的影响；该方法计算复杂度远低于以往的方法，所涉及参数较少，避免了参数设定带来的问题。因此，本章所提出的 LRR 定位方法非常适合大规模场景工程的应用。

7 基于非线性规则化的多跳定位算法

7.1 概　　述

在诸多无线网络应用领域中，位置信息常常是应用的先决条件，起着至关重要的作用，有文献表明约80%的信息和位置有关[33]。通过设备自身携带的GPS或人工标定的方法可获取事件发生的位置信息，但其受部署环境、费用等的限制。因此，在人员难以到达或GPS应用受限的场景下，需通过一定的方法确定监测区域内事件发生的位置信息。

通常，无线定位算法被分为基于测距定位方法和基于非测距定位方法。测距定位方法是通过物理测量来获取节点之间的测量信息的定位方法，其精度相对较高，但其对硬件要求苛刻，费用也高，一般不适合大规模的部署。出于对成本、功耗等因素的考虑，在一般应用中常采用简单、易用的非测距定位方法。非测距定位方法一般利用节点之间的连通性、多跳路由等信息来估计节点的位置。非测距方法的研究主要集中在跳数—距离关系的转换，其基于这样一个假设：网络中节点间跳数和单跳距离存在某种函数映射关系。然而在复杂环境中，这种函数映射关系不是线性的，若还以线性函数表示这种关系，将导致定位性能下降。造成映射函数线性关系不成立的主要原因之一是跳数与距离关系模糊问题[114, 115]。在复杂场景中，存在大量这样的情况，即节点间具有同样的跳数，不一定有同样的距离，而具有同样的距离不一定有同样的跳数。如图 7.1 (a)所示，在复杂环境中节点的通信半径呈不规则状，节点 A 和 B 到节点 N 具有同样的距离，但节点 A 到节点 N 是 1 跳，而节点 B 到节点 N 则需要通过节点 C 方能到达。图 7.1 (b)显示的是节点 A、B、C 各自到节点 N 的距离都相同，但部署不均使得它们之间的跳数不相同。上述情况发生时，用跳距(平均每跳距离×跳数)代替真实距离，势必造成定位性能下降。造成映射函数线性关系不成立的主要原因之二是凸部署环境假设，即假设节点统一部署在无遮挡的完整区域内，节点间的传播路径近似为直线。如图 7.2 所示，在部署区域内存在障碍物或覆盖缺失，这使得网络拓扑成 H 形或 X 形。这时，原先的直线传播方式将变为沿着 H 形或 X 形区域内部边界的一条路径，这会造成跳数增多，使得节点间测量误差增大。多跳非测距定位中，非凸部署与跳数—距离关系模糊问题统一被称为各向异性问题。

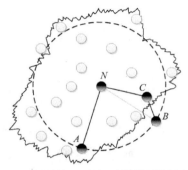
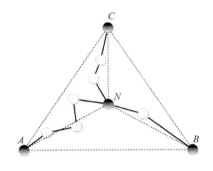

(a) 电磁信号对跳数—距离模型的影响　　　　(b) 节点分布对跳数—距离模型的影响

图 7.1　跳数—距离模糊关系

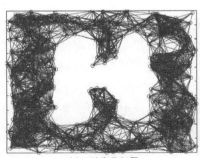
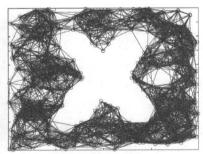

(a) H 形非凸部署　　　　　　　　(b) X 形非凸部署

图 7.2　非凸部署网络

本章围绕复杂环境下各向异性问题对多跳非测距定位算法的影响展开研究，提出了一种新的基于学习方法的多跳非测距定位方法，即核岭回归—多跳定位（Kernel Ridge Regression-Multihop Localization，KRR-ML）算法。KRR-ML 方法利用核岭回归核心（Kernel Ridge Regression，KRR）算法对收集到的跳数和距离信息构建映射模型，从而实现在复杂环境下对距离估计的补偿。

7.2 相关工作

近年来，一些研究人员依据不同的监测环境提出了不同的非测距定位策略，并在某些场景下一定程度上提高了定位精度。例如，Niculescu 和 Nath[89]提出的一种典型的非测距的定位方法——DV-Hop，该方法是一种借用距离矢量路由和 GPS 定位的思想，利用跳距代替节点间的真实距离，最后采用最小二乘法进行位置估计的方法。DV-Hop 具有较好的分布性和扩展性，它的定位精度主要依靠估计的平均每跳距离的精确度。但跳距与节点之间的实际距离相比存在一定的误差，且实际应用中网络各向异性也会对定位精度产生重大影响，因而 DV-Hop 算法一般只适用于各向同性且分布均匀的网络。Zhong 和 He[116]提出利用节点间通信时自带的接收的信号强度去感应节点间的邻里先后关系，进而辅助获知相对正确的跳数—距离关系。但 Zhong 和 He 所提方法基于假设节点的通信半径是各向同性，且节点均匀部署。Li 和 Liu[57]针对由于覆盖缺失问题所造成的网络拓扑各向异性问题提出了一种染色路径协议（Rendered Path Protocol，REP）方法，REP 方法假设所有缺失的边界节点事先被标识出来，利用在各个子段的端点处生成单位圆推算出各个子段之间的夹角，再使用余弦定理及测量出的各个子段的长度估计出节点之间的估计距离。REP 方法注意到了部署缺失部分对节点间距离估计所产生的影响并试图加以解决。但是该解决方法严重依赖于节点较高的部署密度，因而对子段端点处单位圆的生成及余弦定理的应用产生了制约。此外，部署缺失部分的边界标识在真实的应用环境中也是很难做到的。Tan 等[117]最近提出了另外一种新颖的定位算法，即基于连接度无信标节点的三维定位（Connectivity-Based and Anchor-Free Three-Dimensional Localization，CATL）。CATL 算法通过找出节点间偏离真正距离的切口点，从而使算法提高定位精度。然而，锚节点部署的是否正确对 CATL 算法的定位产生很大的影响。另外，CATL 算法的迭代计算，也会造成上一次迭代偏差累积到下一轮的估计当中。

近年来，借助机器学习机制对定位进行建模已成为研究热点之一[52]。该方法利用已知节点的分布特性与测量信息之间的对应关系，学习并构建一个映射模型，而后运用该模型估计出未知节点的位置。与以往方法相比较，它能有效地挖掘出数据背后所隐含的网络拓扑结构、相关性等信息。Shang 等[56]依据节点之间的连通性提出了基于学习方法多维尺度分析—映射（Multidimensional Scaling-MAP，MDS-MAP）的定位算法，在假设网络中没有孤立节点的基础上，通过计算任意两个节点之间的最小跳数作为它们的距离，然后将定位问题转化为降维问题。该方法对节点的节点度要求高且需要网络全局连通，在网络拓扑各向异性环境下最短跳数距离与两点之间的距离相差较大，使得定位性能明显下降。为此，Shang 和

Ruml[118]对 MDS-MAP 方法进行了改进，提出了 MDS-MAP（P）。该方法首先用 MDS 方法为每个节点及其邻近的节点建立局部相对坐标系统，然后合并各局部相对坐标系统构建全局坐标系统。由于没有在其中直接应用 MDS，MDS-MAP（P）定位方法对存在网络拓扑各向异性的情况下的定位性能有较大的改善。这种分而治之的方法在某种程度上提高了定位精度，但 MDS-MAP 方法计算复杂度高、通信量大，而且受局部区域尺寸选择的影响。为了避免局部区域大小选择的问题，Lim 和 Hou[108]提出了一种基于整体的信息的 PDM 定位算法。PDM 算法首先将采集到的已知节点间路径的物理距离和测量距离分别用矩阵进行标识，而后通过 TSVD 方法[119]对两个矩阵进行线性转换，获得一个最优线性转换模型，再将未知节点到已知节点的测量距离代入模型，估计出未知节点到已知节点的物理距离。TSVD 实质上是一种多元线性规则化学习方法，利用其获得的估计距离实质上是监测区域内其余已知节点的估计值的加权和，因此获得的估计值与真实值较为接近，此外 TSVD 方法舍弃了较小奇异值，在一定程度上减小了噪声在转换过程中的影响，避免了定位中的不适定问题，增加了算法的稳定性，这些都使算法对节点的部署、连接及信号衰减方式要求低，更利于在实际应用环境中使用。TSVD 能够在一定程度上解决非测距定位部署各向异性问题，但文献[109]中实验表明 PDM 方法仅在一定条件下有效，当信标点稀疏或跳数—距离关系严重模糊时 TSVD 方法性能急剧下降。这是由于：①TSVD 是通过设置一个阈值 k 直接将奇异值中小于阈值 k 的设置为零，如果 k 值选择合理，TSVD 的解稳定，反之则会使算法性能下降；②PDM 方法未对跳数与真实距离进行标准化处理，不同的量纲造成一定程度的数据淹没现象；③PDM 方法最致命的问题是，TSVD 方法是一种线性方法，而在复杂环境中，跳数与实际距离之间模糊关系实质是一种非线性关系，当非线性程度较高时，用线性的 TSVD 方法难以获取最优解。

研究人员发现采用核学习方法[120]是一个很好的非线性问题的解决方案。核方法是将原始数据映射到适当的高维特征空间中，进而将原始空间中难以解决的非线性问题转化为特征空间的线性问题，核方法与以往的非线性求解方法相比较不仅可以提高计算速度，还可以使计算更加灵活。Lee 等[109]受到 PDM 方法的启发，提出了两种基于 SVM 的 Kernel 回归的方法解决跳数—距离模糊问题，算法很好地解决了影响非测距定位性能的问题，且在小样本情况下仍然能获得较好的定位精度。SVM[121]是核方法中最重要最普遍的应用，它结构风险最小，能够较好地解决小样本、非线性、过拟及局部最小等问题，泛化推广能力优异。然而，基于传统 SVM 回归方法最终都是通过求解带有约束条件的凸二次规划问题，收敛速度慢、运算效率低，还需事先对惩罚系数和核参数进行优化选择，另外，为了避免训练过程中的不适定问题，传统 SVM 方法还需人工设置规则化参数，因此利用其构建的模型不适应定位规模不断变化的情况。同时也可以看到，传统的 SVM

回归方法是一种单输出方法[122]，对于多输入多输出模型，该方法需要逐个信标节点多次反复构建模型，不仅造成计算复杂度激增，随着信标节点数量的增大，定位计算所需的时间和空间资源都会呈几何级数增长，并且训练样本间存在相关性时预测精度较差。此外，对于回归预测来说重要的不是为了获得最小结构化风险的超平面，而是用回归估计来预测输出能达到多大的精确度。可能仅由 SVM 训练样本获得的具有距离最小的超平面和预测目标并不相关，然而一个具有与所有样本点距离不是最小的方向却具有很强的预测能力。

受到 PDM 方法和基于 SVM 回归方法的启发，本书尝试设计出一种更符合实际环境下使用且计算复杂度相对较低、定位精度较高的定位方法——KRR-ML。其中，核心算法 KRR 是 SVR 的特例，与 SVR 相比，其无需像 SVR 设置复杂的误差项惩罚函数 C 和不敏感参数 ε。此外，常规的 SVR 只能进行单维输出，对于多跳定位需要多次计算，再将每次计算组合达到多维输出的目的，导致忽视了节点间的相关性问题。通过使用 KRR 方法对已知节点间的跳数—距离进行建模，获取跳数与距离的精确关系，因此 KRR-ML 方法具有较高定位精度，适合不同的复杂环境。

7.3 基于核岭回归的多跳定位算法

7.3.1 问题陈述

假设在一个二维平面内，存在 n 个节点 $\{S_i\}_{i=1}^{m+n}$，其中包含 $m(m \leqslant n)$ 个装备 GPS/BDS 的信标节点。节点 $i(i \in m)$ 所采集到的跳数和节点间距离分别用两组数据集表示，即 $h_i = [h_{i,1}, h_{i,2}, \cdots, h_{i,m}]^T$ 为节点 i 到其余 $m-1$ 个节点的最小跳数，$d_i = [d_{i,1}, d_{i,2}, \cdots, d_{i,m}]^T$ 为相应的节点间距离。运行一段时间后，信标节点间可以获得两个数据矩阵，即最小跳数矩阵 $H = [h_1, h_2, \cdots, h_m]$ 和距离矩阵 $D = [d_1, d_2, \cdots, d_m]$。

7.3.2 节点定位算法

基于 KRR 方法的节点定位分为两个阶段：训练阶段和定位阶段。在训练阶段通过对已知节点间跳数和物理距离学习训练出测量到真实距离的映射，建立定位模型；在定位阶段，未知节点通过它到信标节点的跳数，运用训练得出的映射模型对未知节点进行位置估计。

在复杂环境中，信标节点间的跳数与距离存在着一种映射关系，但这种关系是模糊的，这种模糊关系是一种非线性的关系。根据核学习方法原理[120]，将数据通过"升维"映射到特征空间中 $\mathcal{H}$（其维数为 $M,M \leqslant \infty$），即 $\Phi:H \subseteq \mathbb{R}^m \mapsto \Phi(H) \subseteq \mathcal{H}$。由此，跳数与真实距离之间的关系表示为

$$\tilde{D} = \tilde{\Phi}(H)\eta + \varepsilon \tag{7.1}$$

其中，$\tilde{D}$ 和 $\tilde{\Phi}(H)$ 分别是 D 和 $\Phi(H)$ 中心化后的矩阵，$\tilde{D} = \left(I_m - 1_m 1_m^{\mathrm{T}}/m\right)D$，$\tilde{\Phi}(H) = \left(\tilde{\phi}(h_1), \cdots, \tilde{\phi}(h_m)\right)^{\mathrm{T}}$，而 $\sum_{i=1}^m \tilde{\phi}(h_i) = 0$；$\eta = (\eta_1, \eta_2, \cdots, \eta_M)^{\mathrm{T}}$ 是回归系数向量；ε 为特征空间中随机误差向量。在特征空间中的 $\tilde{\Phi}(H)$ 变量间也会存在严重的多重相关性或者 $\tilde{\Phi}(H)$ 中的样本点数少于变量个数情况，此时数据没有足够的信息获得最优解，试图强行计算是不明智的。上述问题又被称为不适定(ill-posed)或矩阵病态(ill-conditioned)问题。人们通常利用规则化的方法来减少或避免不适定或矩阵病态问题，即对数据进行限制或偏置。因此，在规则化后可得到损失方程

$$\mathcal{L}(w) = \xi\|w\|^2 + (\tilde{D} - \tilde{\Phi}(H)w)^{\mathrm{T}}(\tilde{D} - \tilde{\Phi}(H)w) \tag{7.2}$$

其中，ξ 是正定系数，$\xi > 0$。为了获得最优解，令 $\partial\mathcal{L}(w)/\partial w = 0$，即 $\partial\mathcal{L}(w)/\partial w = 2\xi w - 2\tilde{\Phi}^{\mathrm{T}}\tilde{D} + 2\tilde{\Phi}^{\mathrm{T}}\tilde{\Phi}w = 0$，如此

$$w = \left(\tilde{\Phi}^{\mathrm{T}}\tilde{\Phi} + \xi I_m\right)^{-1}\tilde{\Phi}^{\mathrm{T}}\tilde{D} \tag{7.3}$$

其中，I_m 是 $m \times m$ 的单位矩阵。

由 Mercer 条件可知，在特征空间中，存在映射函数 ϕ 与核函数 $K(\cdot,\cdot)$，使得 $K_{ij} = K(h_i, h_j) = \phi(h_i) \cdot \phi(h_j)$，在实际运用中常用多项式核函数、Sigmoid 核函数和高斯核函数这三种。高斯核函数具有保持输入空间的距离相似性的特点，因此，本书选择高斯核函数来计算节点之间的相似度。因此，利用跳数预测距离的公式可以被写为

$$f_{\text{pred}}(h) = \langle w, \phi(h) \rangle = \tilde{D}^{\mathrm{T}}(K + \xi I_m)K_t \tag{7.4}$$

其中，K_t 是利用未知节点到已知节点测量距离获得的核矩阵。此时，可以获取未知节点到已知节点估计距离，结合已知节点坐标利用最小二乘法便可获取未知节点的估计坐标。

7.4　性 能 分 析

为了验证 KRR-ML 算法的性能，本书借助 Matlab R2013b 进行了一系列的实验。实验对全局部署和跳数—距离关系模糊两个问题进行了验证。由于单次实验误差较大，每种实验都进行了 100 次仿真，每次实验里节点都将重新随机分布在实验区域，统计每次的实验结果，并取 100 次实验平均误差开方 (RMS)[46]的均值作为评价依据。实验结果还与同类型的 PDM、LSVR 算法进行了比较。为了公平起见，PDM 方法对 TSVD 设定舍弃特征值门限，设备去特征值小于等于 3 相对应的特征向量；LSVR 方法的惩罚函数 C 和不敏感参数 ε 的设置参照文献[113]；而高斯核函数与训练样本的距离有关，因此核参数设为训练样本均值的 40 倍；KRR方法的性能还与 ξ 参数值有关，其可以通过交叉检验获得，但其计算量较大，考虑到一般 $\left\| \tilde{\Phi}^{\mathrm{T}}\tilde{\Phi} \right\| < 0.01$ 为病态矩阵，因此实验设 $\xi = 0.01$。

7.4.1　非凸部署问题

在本组实验中，通过在部署环境中设置障碍物，节点的传播路径不再是直线。假设存在两种部署，即随机部署和规则部署。在随机部署中共有 280 个节点均匀部署于 300m × 300m 的方形区域；规则部署中共有 290 个节点，其节点间隔为 15。如图 7.3 所示描述的是 KRR-ML 信标节点数为 26 的最终定位结果。其中，圆圈表示未知节点，方块表示信标节点，直线连接未知节点的真实坐标和估计坐标，直线越长，定位误差越大。图 7.3 (a)、(b) 中的 RMS 误差分别为3.735，3.579。

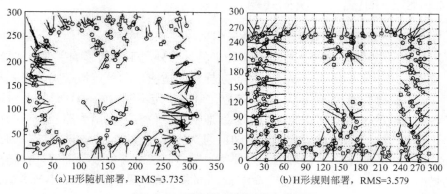

(a) H形随机部署，RMS=3.735　　　(b) H形规则部署，RMS=3.579

图 7.3　H 形两种部署下的定位结果

图 7.4 描述的是三种定位方法在两种节点部署条件下，信标节点的数目对定位精度的影响(信标节点数从 20 逐步递增至 30)。从图中可以看出三种方法在规则部署时性能均高于相应的随机部署，这是由于规则节点的部署使得节点分布较为均匀，因此，在信标节点数量相同时，规则部署优于相应的随机部署。此外，我们从图中还可以看出 PDM 方法采用 TSVD 舍弃的方法，可减少一部分噪声的影响，在一定程度上反映了跳距与距离之间的关系。而 LSVR 和 KRR-ML 方法都是基于 Kernel 的算法，将数据映射到高维特征空间，使得非线性数据变得线性可分，因此它们能够捕捉到跳数与距离之间的真实关系，从而获取较高的定位精度，LSVR 相对 PDM 方法性能提高了约 32%。然而，LSVR 采用的是一种多输入单输出模型，并未考虑样本间的相关性，且 LSVR 中多个参数虽做了优化但只是近似的最优，这都导致其在预测精度上低于 KRR-ML，相比 KRR-ML 的性能提高了约 20%。

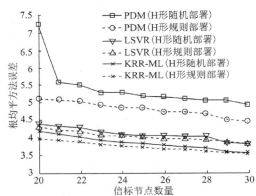

图 7.4　非凸环境中两种部署下，三种定位算法随信标节点不同 RMS 误差变化曲线

7.4.2　跳数—距离关系模糊问题

在 7.4.1 小节实验中假设节点间的通信采用规则传输模型，即信号不随方向的变化而变化，但在实际环境下信号受其物理特性和外界干扰的影响呈现各向异性。为了验证本书中所提算法对通信半径各向异性的适应性和稳定性，实验引入不规则度(Degree of Irregular, DOI)这一参数，通过设定不同 DOI 值评价算法对通信半径各向异性的适应。DOI 定义为在无线通信中单位方向上最大路径损耗的百分比变化程度[66]。本节实验设定 DOI=0.01(图 7.5)，并假设节点被随机或规则分布于 300m×300m 区域内，区域内无障碍物，节点随机部署或规则部署。在随机部署场景中，有 260 个节点部署于其间；规则部署节点间距离与 7.4.1 小节类似，共有 256 个节点；信标节点递增与 7.4.1 小节类似。

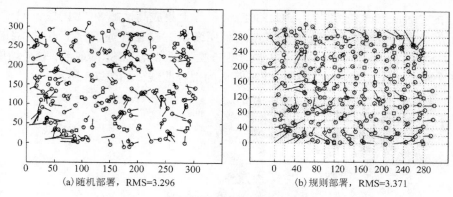

(a)随机部署，RMS=3.296　　　　　(b)规则部署，RMS=3.371

图 7.5　两种部署，DOI=0.01 的定位结果

　　如图 7.5 所示的是含有 26 个信标节点某次 KRR-ML 在两种部署下的定位结果。两图中的 RMS 误差分别约为 3.296 和 3.371。

　　图 7.6 描述的是三种方法在 DOI=0.01 时,信标节点的数目对定位精度的影响。同样从图中可以看出三种方法随信标节点数量的增加精度不断提高，核方法优于线性方法；KRR 方法优于 LSVR 方法，LSVR 方法平均性能相对 PDM 方法提高了 22.3% 和 25.8%，KRR-ML 则提高了 26.5% 和 29.4%。

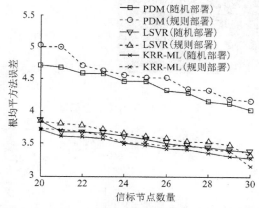

图 7.6　DOI=0.01 时，三种方法随信标节点变化 RMS 误差变化曲线

7.4.3　真实数据测试

　　为了验证 KRR-ML 方法在实际环境下的可行性，进行了真实数据的测试。实验分别安排在金陵科技学院的实验室走廊和教学楼外小花园进行，如图 7.7(a) 所示的是实验室走廊，定位测试区域大小约为 30m×5m；如图 7.7(c) 所示的是教学楼外小花园，测试区域大小约为 30m×16m。实验区域内部署 20 个节点，节点采

用 TI 的 ZigBee SoC 射频芯片 CC2530F256，片上集成高性能 8051 内核、ADC、usart 等，支持 ZigBee 协议栈。节点间采用多跳方式相互通信，节点的拓扑如图 7.7（b）和（d）所示。每个节点至少包含 100 次邻近节点 RSSI 读取值，取平均值，采用信号对数模型可分别获得 RSSI 与距离的拟合曲线，如图 7.8 所示。

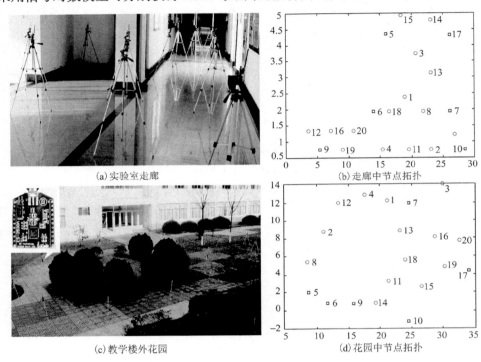

图 7.7　实际环境中节点部署

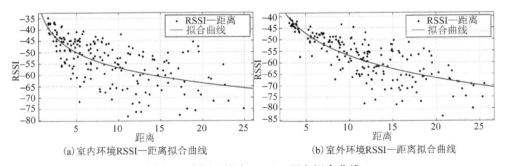

图 7.8　实际环境中 RSSI—距离拟合曲线

　　在室内外两组实验中，为了保证网络的连接性能，室内环境设定通信半径为 5m，而室外设定为 8m，选定节点 17#、7#、5#、6#、9#和 10#作为信标节点，而剩余 14 个节点为未知节点，其余算法中所涉及的参数与仿真实验中的类似。如图 7.9 分别显示的是三种定位方法在室内外两种场景下的定位结果，很明显 KRR-ML 算法定位效果最优，其 RMS 误差在室内和室外分别为 1.24 和 1.38。与 PDM 算法相比较，KRR-ML 算法性能分别提高了 20.3%(室内)和 19.3%(室外)；与 LSVR 算法相比较，KRR-ML 算法性能分别提高了 7.3%(室内)和 12.8%(室外)。

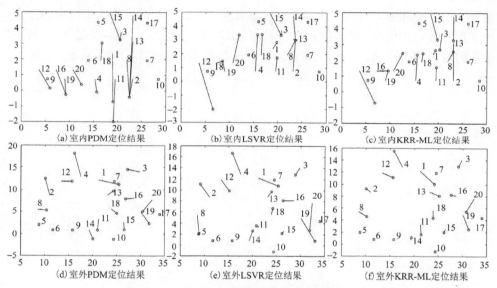

图 7.9　真实环境中，室内外两种场景的定位结果

此外，我们还用累积分布函数(Cumulative Distribution Function，CDF)判断节点定位误差。CDF 可以帮助判断小于一定 RMS 误差已定位节点的百分比。图 7.10(a)、(b)分别显示了室内和室外两种场景下 CDF 分布。

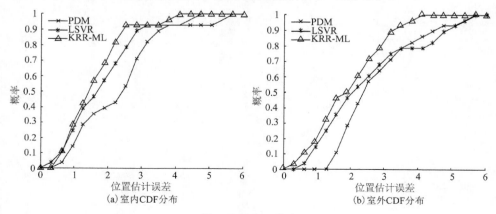

图 7.10　CDF 分布

7.5　本　章　小　结

　　本章提出了一种基于 KRR 的非测距多跳定位模型，方法利用 KRR 构建跳数与距离的映射模型，进而有效地解决了多跳非测距定位中跳数—距离关系模糊问题及非凸部署问题。与同类研究相比，具有参数易设、复杂度低、定位精确度高、性能相对稳定的优点。但同时也可以看出 KRR-ML 方法在大样本情况下训练模型花费的时间较多，这需要利用 Nystrom 方法的低秩近似或部分 Cholesky 分解。

8 基于 KSPP 的传感网定位算法

8.1 概　　述

基于测距定位方法普遍被认为定位精度高于基于非测距的定位方法，较为常见的测距技术有 TDOA、AOA、TOA、RSSI 等[35]。基于 TDOA 技术的测距精度较高，但其硬件成本也较高，且需要两个信号发射源，因此，其不适合大规模的部署使用；基于 AOA 技术的测距需要多个声波接收器，一般传感网节点所携带的能量有限，过多的接收设备必然会缩短传感网节点的生命周期，因而，也不适合大规模的部署使用；基于 TOA 技术的测距是基于信号在节点之间传播时间估计距离的，对时间同步要求较高，因而对节点的硬件结构和功耗提出了较高的要求，通常需要额外的硬件支持，进而造成节点的成本较高；RSSI 技术可以在每个数据交流中获取，并不占有额外的带宽和能量，且使用 RSSI 测量位置信息的硬件相对简单且花费较少，其符合传感网定位低功率和低成本的要求，因此受到众多研究人员的关注。

基于 RSSI 测距技术定位方法在实际应用中受到多种因素的干扰，在本书的第 2 章提出了基于中位数加权测距的定位方法，其主要关注了粗差对测量统计的影响，在一定程度上提高了定位精度。然而，在复杂的监测环境中，测量还受到多种因素的干扰：节点间通信交流通常使用免费的共用频道，这就不可避免地受到监测区域内其他设备的干扰；RSSI 信号具有多路径特性；传感网节点硬件相对廉价简单、运算能力较差加之生产工艺不稳定造成某些节点产品质量不稳定；监测区域内静止或移动的障碍物的遮挡；等等。这些都将导致采集到的信号存在着大量不确定性因素，使得信号表现为非线性。

图 8.1 显示了非线性产生的原因，当节点 A 和节点 C 之间受到同频段其他设备的干扰或有静止或移动物体的遮挡时，其测量值往往大于实际值。若仅用线性方法不考虑实际环境，直接使用经验模型获取测量距离，其测量精度常常较低，显然不能满足实际应用。因此，若要获得精确定位需要研究新技术、新方法，或结合其他解决方案来应对。

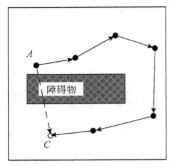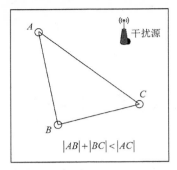

图 8.1　障碍物和噪声影响示意图

相关文献[50]将基于信号强度测距的定位算法一般分为两种类型：一种是在节点间获得信号强度之后利用经验公式转换获得距离，进而采用三边法或多边法获得未知节点坐标；另一种是直接利用节点之间的信号强度信息通过机器学习方法获得节点之间的相似度，而后通过相似度和信标节点位置挖掘节点之间的关系。第一种方法依赖于经验模型，如经典的 RADAR 定位系统[48]、SpotON 定位系统[51]等。它们仅适用于环境相对稳定的场景，为了获得高精度的定位结果，需要对不同环境进行训练标定，导致花费大量的人力、物力。若拟合模型不精确或部署场景发生变化，则原先的模型不再能反映节点与信号强度之间的关系，使得定位结果较差。第二种方法基于 RSSI 测距方法将网络中的节点看成独立分布的器件，利用相邻节点之间的测量信息，借助机器学习算法，在部署区域内训练学习出一个预测模型，进而估计出区域内未知节点的位置信息，如基于 k 近邻[123]（k-Nearest Neighbour，kNN）的 LANDMARC 定位系统、基于核主成分分析[124]（Kernel Principal Component Analysis，KPCA）的定位算法、基于核典型相关分析[125]（Kernel Canonical Correlation Analysis，KCCA）、基于局部保持典型相关分析[97]（Locality Preserving Canonical Correlation Analysis，LPCCA）、基于核函数局部保持映射[126]（Kernel Locality Preserving Projection，KLPP）的定位算法等。基于机器学习方法的测距定位技术具有对测量误差不敏感、对测量技术要求不高、自适应程度较高的特点，因而广受关注。

在机器学习算法中 k 近邻（kNN）方法依据"最近邻距离"权重思想获知未知节点位置信息，其算法是一种线性算法，且 k 值人为设定，随意性较大，当节点部署在复杂环境中时，测量数据中存在较高非线性，其定位效果较差。对于非线性数据，研究人员发现利用核方法和流形学习来构建模型是一种切实有效的解决手段，其中核方法[120]的原理是通过某一核函数将原始数据映射到适当的高维特征空间中，使得在原始空间中难以解的非线性问题转化为特征空间中的线性问题；而流形学习[16]则是通过探测非线性数据的内部结构，从而发现数据分布的内在规律性，流形学习增强了数据在观测空间的全局与局部性质，同时也加强了几何上的直观解释性。本章主要利用核方法解决测量数据非线性问题。

相关研究表明，在给定一个核函数和一个训练集合后，就可以构造核矩阵（Gram 矩阵），进而通过核矩阵所提供的相似性来揭示数据真实的内部结构。基于此原理的 KPCA、KCCA 定位算法被先后提出，KPCA 方法是 PCA 的核化方法，是将非线性数据映射到高维空间中用 PCA 去寻找最小均方意义下，最能代表原始数据的投影的一种方法，它能达到对特征空间中数据降维去噪的目的；KCCA 是一种与 KPCA 类似的降维方法，与 KPCA 不同的是基于 KCCA 的定位方法通过映射在特征空间中构建信号空间与物理空间的映射。但 KPCA、KCCA 的计算都采用了一个全局的非线性映射算法，其算法简单、高效，虽然在有些情况下获得较好的结果，但它没有顾及数据的分布，缺少考虑数据具有的局部分布特点。随后在 KCCA 基础上，顾晶晶等[127]提出了采用基于流形学习的 LPCCA 定位算法，它以邻近节点之间局部信息的相关性取代了原先节点间一一对应的关系，该方法在获得信号空间与物理空间之间的最大化相关的基础上，保持信号的局部结构信息，在实验中取得比 KCCA 更加精确的定位精度。但 KCCA 和 LPCCA 算法仅适用于室内指纹定位场景，它需要事先人为地采集训练数据并构建信号强度与距离关系的分布图，定位时依据先前训练获得的分布图，找到 k 个最近访问节点（Access Point，AP）并取它们的质心为估计位置，若 AP 密度不够高，还需进行进一步迭代运算。因此，KCCA 和 LPCCA 估计算法并不适合随机部署环境或人类不宜到达的场景，仅仅适用于人为事先标定的室内环境。

鉴于此，王成群等[52, 126]利用核化的 LPP 算法，提出了基于 KLPP 的定位算法。KLPP 定位方法利用核函数去度量节点的相似度，再将 RSSI 信号映射到特征空间后利用 LPP 算法构造节点间的邻近图，将定位问题转化为图上的降维问题。基于 KLPP 的定位算法利用核方法解决了信号强度的非线性问题，同时使未知节点的位置由其邻居节点决定，降低了传统多边法利用过远信标节点所造成的测量误差，因而其受信标节点数目的影响较小，当信标节点的比例较低时，依然可以获得较高的定位精度，而且与其他同类型的学习算法相比受测量误差的影响也较小。

然而，KLPP 算法过于依赖邻近图，其邻近图的构建主要利用 ε 近邻法和 k 近邻法[52]。ε 近邻法选择准则是选择距离小于 ε 球面内样本；k 近邻法选择准则是为每个样本选择 k 个最近邻样本点。而图中边的权值则通过二进制、高斯核、逆欧氏距离和局部线性重构等方法进行设定[128]。邻近图的构建及边的权重的选择与设定制约着 KLPP 算法的最终定位结果。对于定位算法而言，一旦给定节点间的邻近图，在后续的操作中邻近图参数就有可能不做任何改变。但对于传感网而言，其部署区域常受到硬件错误、网络攻击、能量不足、恶劣天气等实际环境因素的影响，造成网络拓扑随时改变。因此，通过事先设定的参数方式基于 KLPP 定位方法难以适应复杂环境，如图 8.1 所示当节点受到周围干扰源影响时，图的结构将受到一定程度的影响。如何自适应地判别节点之间的关系是获得满意定位结果的基础。研究人员[129]发现稀疏表示具有一种自然的判别能力，通过 ℓ_1 范图的构建，每个数据点可以通过稀疏表示自动选择邻接点，并能自动使每个样本点由周围训练样本组合表示。乔立山等巧妙地将稀疏表示运用到邻近图的构造上，提出了稀疏保持投影[130](Sparsity Preserving Projections，SPP)算法，算法将稀疏表示中系数表示的稀疏性作为一种自然鉴别信息引入到重构邻近图中，通过"稀疏"的约束，自适应地捕捉到数据局部的结构特征，并且数据点自动被位于其邻域内的数据点线性地表达。随后殷俊和杨万扣[131]利用核方法将 SPP 扩展到非线性领域，通过核方法的映射，在特征空间中利用稀疏表示的系数构造邻近图。核化方法比原先的稀疏表示方法具有更强的鉴别信息，因此 KSPP 具有比 SPP 更有效的鉴别能力。受 KSPP 算法的启发，本书在定位问题研究中提出了基于 KSPP 的定位(Location Estimation- KSPP，LE-KSPP)算法。算法将获得的节点间信号强度通过高斯核函数度量节点间的相似度，而后通过稀疏表示自适应的构建网络邻近图，将定位问题转化为一个图嵌入方法，使得未知节点的坐标由通信半径内所有节点共同确定，进而降低测量误差及信标节点数量对定位的影响。实验与仿真结果表明，基于 KSPP 的定位方法定位精度较高，受信标节点数目的影响较小，并且具有较强的环境适应性，适合不同的部署环境。

　　普通三边定位法与基于 KLPP、KSPP 定位算法如图 8.2 所示，显示了定位原理和异同。

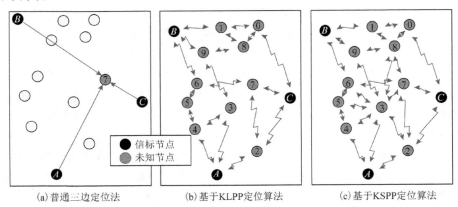

(a)普通三边定位法　　　　(b)基于KLPP定位算法　　　　(c)基于KSPP定位算法

图 8.2　普通三边定位法、KLPP 定位算法与 KSPP 定位算法示意图

　　图 8.2(a)显示的是未知节点的位置仅由信标节点决定，当信标节点位置相对较远时，其测量误差较大，且算法未估计节点周围其他节点的影响，因而通过三

边法获得的位置精度较差；图 8.2(b) 显示的是基于 KLPP 定位方法，若其邻近图 k 选择 3，则算法很明显忽视了领域内部分其他节点的影响，因此，位置估计结果并不理想；图 8.2(c) 显示的是基于 KSPP 定位方法，由于每个节点都能通过稀疏表示自动获取信息量大的邻近节点，并且通过保持投影保证了旋转、尺度和平移的不变，则定位效果明显优于以往的算法。

本章结构如下：8.2 节对核方法、稀疏表示和基于核的稀疏保持投影等相关理论知识进行简单的回顾；8.3 节首先介绍核函数与定位之间的关系，随后介绍基于 KSPP 的定位算法；8.4 节是本章的实验部分，分别针对不同的部署场景和参数，在同等条件下比较 KLPP 定位算法的性能；8.5 节对本章进行总结。

8.2   相关概念

8.2.1   核方法

核方法是当前人工智能、机器学习领域中热点研究方向之一，它是以统计学习理论和核技术为基础的。早在 1964 年，Aizerman 等[132]在研究势函数时就将核函数用作特征空间中的内积这一思想引入到机器学习领域，直到 1992 年，这种思想引起了 Boser 等[133]的注意，他们把它和大间隔超平面结合起来，促进了支持向量机（SVM）的产生，从此核概念成为机器学习文献中主流方向之一。特征函数 ϕ 把数据嵌入到特征空间，使非线性模式在其中呈现线性模式，如图 8.3 所示。

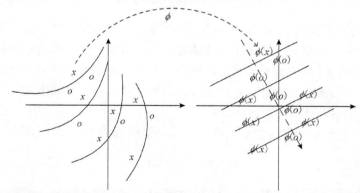

图 8.3   函数 ϕ 把数据嵌入到特征空间，使非线性模式在其中呈现线性模式

由图 8.3 可见，核方法的基本思想是将 n 维向量空间中的随机向量 x，利用非线性函数映射到高维特征空间，然后在这个高维特征空间中设计线性的学习算法。核方法常利用核函数封装输入输出之间的非线性关系，一般来说，核方法的解决

方案由两个部分组成，即一个模块和一个学习算法。模块执行的是映射到特征空间的过程，而学习算法则是用来发现这一空间的线性模式。核方法的模块性证明了它本身作为学习算法的可重用性。同一算法可以和任何一个核函数配合，从而可以用于任何数据域。核组件是面向具体数据的，但是它和不同算法相结合，可解决我们考虑的整个范围内的任务。如图 8.4 显示的是核方法的流程。

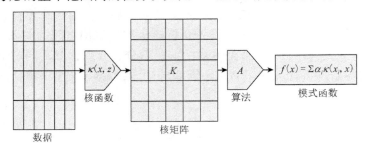

图 8.4　核方法的流程

其中，核函数是一个输入变量的潜在非线性和参数化的方程。核函数依赖输入输出变量实现对参数的控制，就定位算法而言，输入变量是输入的信号强度矩阵，输出变量则为相对坐标。因而，机器学习的关键是基于已知的输入输出数据对参数的估计。考虑存在这样一个映射，假定一个训练样本集合 $S = \{(x_1, y_1), \cdots, (x_l, y_l)\}$，其中 $x_i \in \mathbb{R}^n$，相对应的标签 $y_i \in \mathbb{R}^m$。

定义 8.1　一个映射是

$$\phi : x \in \mathbb{R}^n \mapsto \phi(x) \in F \subseteq \mathbb{R}^N \tag{8.1}$$

其中，F 是特征空间，ϕ 是特征函数。特征函数 ϕ 的目的是把非线性关系转化为线性关系。输入空间的此种变化常常能提高学习效率，但高维特征空间丰富了函数表达能力的同时也增加了计算量，使得与之相关的学习算法的泛化能力随之下降。为此，我们需要一种隐式方式完成数据的变化过程，在核方法中这种直接计算过程称为核函数（Kernel Function）。

定义 8.2　核是一个函数 κ，这个函数对于所有的 $x, z \in X$，满足

$$\kappa(x, z) = \langle \phi(x), \phi(z) \rangle \tag{8.2}$$

其中，$\langle \cdot, \cdot \rangle$ 表示内积, 核函数 $\kappa(x, z)$ 定义的是计算两个数据点在非线性变换 $\phi(\bullet)$ 下的映象的内积，而 ϕ 是从 X 到特征空间 F 的一个映射

$$\phi : x \mapsto \phi(x) \tag{8.3}$$

其中，x 为输入空间，$\phi(x)$ 为特征空间。

核函数的引入可以将内积作为输入空间的直接函数,能够更高效地计算内积,核函数的出现使得利用具有指数维数甚至无限维数的特征空间成为可能,而不用显示计算映射ϕ。也就是说,核方法中利用一个事先定义好的核函数来指代特征空间中两个样本的向量的内积,并不需要直接实现对样本的非线性映射,因此研究者并不需要知道非线性映射具体为何种形式。

在实际运用中常用的核函数有三种[120]:多项式核函数、Sigmoid 核函数和高斯核函数(又被称为径向基核函数)。其中高斯核函数具有保持输入空间距离相似性的特点,本书选择高斯核函数来计算节点之间的相似度,其定义如下

$$\kappa(x_i, x_j) = \exp\left[-\left\|x_i - x_j\right\|^2 \Big/ (2\sigma^2)\right] \tag{8.4}$$

8.2.2　稀疏表示

稀疏表示,是近年来信号处理领域的一个研究热点。信息表示的稀疏性是指信息表示常常由大量疑似因素中的少数因素决定的一种现象,它是一种普遍属性[134]。在信号处理领域,任何信号都可以分解成其所在空间的无穷个基函数的加权和,展开系数就是基于信号之间的内积,即投影。找到信号的合适的表示是一切信号处理任务的前提,一般情况下均使用完备正交基来表示信号,但是这类方法的缺点是一旦基函数确定,对于一个给定的信号,只有一种分解方法,这使得一些信号并不能得到最佳系数表示。更好的分解方式是根据信号的结构特征,在更加冗余的函数库(过完备字典)中自适应地选择合适的基函数表示信号。近年来美国著名学者 Donoho 和 Huo 等根据信号的分解和逼近理论证明了:如果原始信号的某一正交变换是稀疏的,则可以通过合适的优化算法,由少量采样值或测量值来重构信号[135, 136]。该理论是传统信息论的延伸,使得信息论进入了一个新的研究阶段。

对于某一信号 $x \in \mathbb{R}^M$,稀疏表示就是将其分解为一系列基信号 $\{x_i \in \mathbb{R}^M\}_{i=1}^n$ 的线性组合 $x \approx \sum_{i=1}^n s_i x_i$,并希望寻找一个尽量稀疏的向量 $s = [s_1, s_2, \cdots, s_n]^T$,其中,系数 s_i 尽可能多的为 0。由于 $M < n$,即"过完备",因此信号的线性组合是一个欠定方程,使得方程成立的同时 $\|s\|_0$ 达到最小,其中 $\|s\|_0$ 是向量 s 的 ℓ_0 范数,用于衡量 s 的稀疏性,等于 s 中非零元素的数目。因此,稀疏表示问题可以由以下的优化问题来描述

$$\begin{cases} \min_s \|s\|_0 \\ \text{s.t.} \quad x = Xs \end{cases} \tag{8.5}$$

其中, $X = [x_1, x_2, \cdots, x_n] \in \mathbb{R}^{M \times n}$ 为基信号矩阵, $s \in R^n$ 是重建系数向量。由于求解

等式(8.5)是一个典型的 NP 难问题，需要穷举 s 中所有非零项位置的 C_n^k 种排列的可能，这是相当困难的。Donoho 和 Huo[136]证明了在某些条件下 ℓ_0 范数和 ℓ_1 范数的解等价，这样 NP(Non-deterministic Polynomia)难的优化问题可以转化为 ℓ_1 范数最小化问题，也正是基于此，ℓ_1 范数优化问题成为解决稀疏求解问题的主要方法，因此，稀疏求解等式(8.5)只需将 ℓ_0 范数替换为 ℓ_1 范数，即

$$\begin{cases} \min_s \|s\|_1 \\ \text{s.t.} \quad x = Xs \end{cases} \tag{8.6}$$

其中，$\|s\|_1$ 是 s 的 ℓ_1 范数。等式可以通过标准线性规划方法得以求解。由于实际环境中噪声不可避免及样本值误差的存在，$x = Xs$ 不一定总能满足式(8.6)，需要放宽约束，从而得到以下最优化问题

$$\begin{cases} \min_s \|s\|_1 \\ \text{s.t.} \quad \|x - Xs\| < \varepsilon \end{cases} \tag{8.7}$$

其中，ε 可视为误差容忍。这时式(8.7)可由二阶锥规划方法求得。

8.2.3 核稀疏保持投影

乔立山等在原先稀疏表示问题基础上添加了一个约束条件，进而巧妙地将稀疏表示应用到数据的邻近图中，使得数据点自动地由其邻近域内的数据点线性表示，克服了传统局部算法近邻参数选择需人为指定的问题。SPP 算法可以表示为

$$\begin{cases} \min_{s_i} \|s\|_1 \\ \text{s.t.} \quad x_i = Xs_i \\ 1 = 1^T s_i \end{cases} \tag{8.8}$$

其中，$1 \in R^n$ 是全一向量；$s_i = [s_{i,1}, \cdots, s_{i,i-1}, 0, s_{i,i+1}, \cdots, s_{i,n}]^T$ 是 n 维列向量，表示稀疏表示系数向量，其中第 i 个元素为 0，表示只用其余样本来稀疏表示 x_i，而 x_i 除外；$s_{i,j}(i \neq j)$ 表示样本 x_j 对重构 x_i 的贡献量。同样，噪声的存在是不可避免的，约束条件 $x_i = Xs_i$ 需要放宽，从而 SPP 算法可以表示为

$$\begin{cases} \min_{s_i} \|s\|_1 \\ \text{s.t.} \quad \|x_i - Xs_i\| \leqslant \varepsilon \\ 1 = 1^T s_i \end{cases} \tag{8.9}$$

其中，ε 是误差容忍。

　　通过求解式(8.9)，得到最优稀疏表示系数向量 $\hat{s}_i$ $(i=1,2,\cdots,M)$，这时稀疏重构邻接矩阵 S 就可以定义为

$$S=\left[\hat{s}_1,\hat{s}_2,\cdots,\hat{s}_M\right] \tag{8.10}$$

　　由于邻接矩阵 S 能够在一定程度上反映数据的内在几何属性，并且包含较强的鉴别信息，它赋予被表示样本具有全局结构信息的样本(如同类样本)以更多的权重，因而使用这样的邻接矩阵进行特征提取可以获取更有效的特征。假设对训练样本投影后获得 $z=w^{\mathrm{T}}x_i$。则此时优化目标函数

$$\min_{w}\sum_{i=1}^{M}(w^{\mathrm{T}}x_i-w^{\mathrm{T}}x\hat{s}_i)^2 \tag{8.11}$$

通过数学推导可以得到

$$
\begin{aligned}
&\sum_{i=1}^{M}(w^{\mathrm{T}}x_i-w^{\mathrm{T}}X\hat{s}_i)^2\\
&=w^{\mathrm{T}}(\sum_{i=1}^{M}(x_i-X\hat{s}_i)(x_i-X\hat{s}_i)^{\mathrm{T}})w\\
&=w^{\mathrm{T}}(\sum_{i=1}^{M}(Xe_i-X\hat{s}_i)(Xe_i-X\hat{s}_i)^{\mathrm{T}})x\\
&=w^{\mathrm{T}}X(\sum_{i=1}^{M}(e_i-\hat{s}_i)(e_i-\hat{s}_i)^{\mathrm{T}})X^{\mathrm{T}}w\\
&=w^{\mathrm{T}}X(\sum_{i=1}^{M}e_ie_i^{\mathrm{T}}-\hat{s}_ie_i^{\mathrm{T}}-e_i\hat{s}_i^{\mathrm{T}}+\hat{s}_i\hat{s}_i^{\mathrm{T}})X^{\mathrm{T}}w\\
&=w^{\mathrm{T}}X(I-S-S^{\mathrm{T}}+SS^{\mathrm{T}})X^{\mathrm{T}}w
\end{aligned}
\tag{8.12}
$$

其中，e_i 表示除第 i 个元素为 1 外，其他元素均为 0 的列向量。为了避免出现退化解，给定约束条件 $w^{\mathrm{T}}XX^{\mathrm{T}}w=1$，因此 SPP 的优化准则为

$$\min_{w}\frac{w^{\mathrm{T}}X(I-S-S^{\mathrm{T}}+SS^{\mathrm{T}})X^{\mathrm{T}}w}{w^{\mathrm{T}}XX^{\mathrm{T}}w} \tag{8.13}$$

这个最小化准则可以简化为如下等价的最大化准则

$$\max_{w}\frac{w^{\mathrm{T}}X(S+S^{\mathrm{T}}-SS^{\mathrm{T}})X^{\mathrm{T}}w}{w^{\mathrm{T}}XX^{\mathrm{T}}w} \tag{8.14}$$

准则(8.14)可以转化为求解广义特征方程

$$X(S+S^{\mathrm{T}}-SS^{\mathrm{T}})X^{\mathrm{T}}w=\lambda XX^{\mathrm{T}}w \tag{8.15}$$

SPP 的投影矩阵由方程(8.15)对应的前 d 个最大特征值的特征向量构成。

　　受到核方法的启发，殷俊等提出基于 KSPP 的定位算法。KSPP 首先利用核方法将数据映射到高维特征空间，使其在高维特征空间中能够线性可分，而后在高维特征空间里使用 SPP 方法构造样本数据的邻接矩阵，最后用此邻接矩阵通过图嵌入方法进行特征提取。

　　设有一组训练样本 $X=[x_1,x_2,\cdots,x_n]\in\mathbb{R}^{M\times n}$，首先利用非线性映射函数 ϕ 将训练样本映射到高维特征空间得到 $\Phi=[\phi(x_1),\phi(x_2),\cdots,\phi(x_n)]$，而后与 SPP 做法类似，用改进的 ℓ_1 范数最小化问题重构每个样本高维空间中的样本 $\phi(x_i)$ 并获取其对应的权值系数 s_i。因此，最优化问题可以表示为

$$\begin{cases} \min_{s_i}\|s_i\|_1 \\ \text{s.t.} \quad \phi(x_i)=\Phi s_i \\ 1=1^{\mathrm{T}}s_i \end{cases} \tag{8.16}$$

其中，s_i 表示高维特征空间稀疏表示系数向量；$s_{ij}\ (j\neq i)$ 表示高维特征空间中训练样本 $\phi(x_j)$ 对重构 $\phi(x_i)$ 的贡献量。同样，在高维特征空间也存在噪声，为了获得优化问题的解需要放宽优化问题，得

$$\begin{cases} \min_{s_i}\|s_i\|_1 \\ \text{s.t.} \quad \|\phi(x_i)-\Phi s_i\|\leqslant\varepsilon \\ 1=1^{\mathrm{T}}s_i \end{cases} \tag{8.17}$$

　　由于映射关系 ϕ 未知，因而 Φ 与高维空间中的样本 $\phi(x_i)$ 也是未知的，因此上述公式不能直接求解。根据式 (8.17) 优化问题可以转化为

$$\begin{cases} \hat{s}_i=\arg\min_{s_i}\|s_i\|_1 \\ \text{s.t.} \quad \|\Phi^{\mathrm{T}}\Phi s_i-\Phi^{\mathrm{T}}\phi(x_i)\|\leqslant\delta \\ 1=e^{\mathrm{T}}s_i \end{cases} \tag{8.18}$$

　　这时可求解公式，得到核稀疏表示系数的估计向量 $\hat{s}_i\ (i=1,2,\cdots,M)$，利用其组合得到稀疏重构邻接矩阵 $S=[\hat{s}_1,\hat{s}_2,\cdots,\hat{s}_M]$。此时，核化的 SPP 目标函数变为

$$\min_{w}\sum_{i=1}^{M}(w^{\mathrm{T}}\phi(x_i)-w^{\mathrm{T}}B\hat{s}_i)^2 \tag{8.19}$$

通过与 SPP 类似的推导，得到 KSPP 的优化准则，即

$$\min_{\boldsymbol{w}} \frac{\boldsymbol{w}^{\mathrm{T}}\boldsymbol{\Phi}(\boldsymbol{I}-\boldsymbol{S}-\boldsymbol{S}^{\mathrm{T}}+\boldsymbol{S}\boldsymbol{S}^{\mathrm{T}})\boldsymbol{\Phi}^{\mathrm{T}}\boldsymbol{w}}{\boldsymbol{w}^{\mathrm{T}}\boldsymbol{\Phi}\boldsymbol{\Phi}^{\mathrm{T}}\boldsymbol{w}} \tag{8.20}$$

进而准则转化为求解广义特征方程

$$\boldsymbol{\Phi}(\boldsymbol{S}+\boldsymbol{S}^{\mathrm{T}}-\boldsymbol{S}\boldsymbol{S}^{\mathrm{T}})\boldsymbol{\Phi}^{\mathrm{T}}\boldsymbol{w}=\lambda\boldsymbol{\Phi}\boldsymbol{\Phi}^{\mathrm{T}}\boldsymbol{w} \tag{8.21}$$

等式两边同时乘以 $\boldsymbol{\Phi}^{\mathrm{T}}$，得

$$\boldsymbol{\Phi}^{\mathrm{T}}\boldsymbol{\Phi}(\boldsymbol{S}+\boldsymbol{S}^{\mathrm{T}}-\boldsymbol{S}\boldsymbol{S}^{\mathrm{T}})\boldsymbol{\Phi}^{\mathrm{T}}\boldsymbol{w}=\lambda\boldsymbol{\Phi}^{\mathrm{T}}\boldsymbol{\Phi}\boldsymbol{\Phi}^{\mathrm{T}}\boldsymbol{w} \tag{8.22}$$

$\boldsymbol{w}$ 可以表示成

$$\boldsymbol{w}=\boldsymbol{\Phi}\boldsymbol{p} \tag{8.23}$$

广义特征方程可以化简为

$$\boldsymbol{K}(\boldsymbol{S}+\boldsymbol{S}^{\mathrm{T}}-\boldsymbol{S}\boldsymbol{S}^{\mathrm{T}})\boldsymbol{K}\boldsymbol{p}=\lambda\boldsymbol{K}^2\boldsymbol{p} \tag{8.24}$$

求解方程对应前 d 个最大特征值的特征向量 $\boldsymbol{p}_i\,(i=1,2,\cdots,d)$。

K 为核函数计算高维空间数据的内积，即

$$\begin{aligned}\boldsymbol{\Phi}^{\mathrm{T}}\boldsymbol{\Phi}&=[\phi(x_1),\phi(x_2),\cdots,\phi(x_M)]^{\mathrm{T}}[\phi(x_1),\phi(x_2),\cdots,\phi(x_M)]\\&=\begin{bmatrix}\boldsymbol{K}(x_1,x_1)&\boldsymbol{K}(x_1,x_2)&\cdots&\boldsymbol{K}(x_1,x_M)\\\boldsymbol{K}(x_2,x_1)&\boldsymbol{K}(x_2,x_2)&\cdots&\boldsymbol{K}(x_2,x_M)\\\vdots&\vdots&\ddots&\vdots\\\boldsymbol{K}(x_M,x_1)&\boldsymbol{K}(x_M,x_2)&\cdots&\boldsymbol{K}(x_M,x_M)\end{bmatrix}\\&=\boldsymbol{K}\end{aligned} \tag{8.25}$$

及

$$\begin{aligned}\boldsymbol{\Phi}^{\mathrm{T}}\phi(\boldsymbol{x}_i)&=[\phi(\boldsymbol{x}_1),\phi(\boldsymbol{x}_2),\cdots,\phi(\boldsymbol{x}_M)]^{\mathrm{T}}\phi(\boldsymbol{x}_i)\\&=\begin{bmatrix}\boldsymbol{K}(x_1,x_i)\\\boldsymbol{K}(x_2,x_i)\\\vdots\\\boldsymbol{K}(x_M,x_i)\end{bmatrix}\end{aligned} \tag{8.26}$$

经过 KSPP 投影后的第 i 个新特征为

$$y_i=\boldsymbol{w}_i^{\mathrm{T}}\varphi(x)=(\frac{\boldsymbol{B}\boldsymbol{p}_i}{\sqrt{\boldsymbol{p}_i^{\mathrm{T}}\boldsymbol{K}\boldsymbol{p}_i}})^{\mathrm{T}}\varphi(x)=\frac{\boldsymbol{p}_i^{\mathrm{T}}\boldsymbol{B}^{\mathrm{T}}\varphi(x)}{\sqrt{\boldsymbol{p}_i^{\mathrm{T}}\boldsymbol{K}\boldsymbol{p}_i}}=\frac{\boldsymbol{p}_i^{\mathrm{T}}}{\sqrt{\boldsymbol{p}_i^{\mathrm{T}}\boldsymbol{K}\boldsymbol{p}_i}}\begin{bmatrix}\boldsymbol{K}(x_1,x)\\\boldsymbol{K}(x_2,x)\\\vdots\\\boldsymbol{K}(x_M,x)\end{bmatrix} \tag{8.27}$$

总的 KSPP 特征为

$$y = P^{\mathrm{T}} \begin{bmatrix} K(x_1, x) \\ K(x_2, x) \\ \vdots \\ K(x_M, x) \end{bmatrix} \tag{8.28}$$

其中，$P = [\dfrac{p_1}{\sqrt{p_1^{\mathrm{T}} K p_1}}, \dfrac{p_2}{\sqrt{p_2^{\mathrm{T}} K p_2}}, \cdots, \dfrac{p_d}{\sqrt{p_d^{\mathrm{T}} K p_d}}]$。

8.3　基于核稀疏保持投影的定位算法

8.3.1　核函数与定位的联系

　　基于 KSPP 定位算法的目的是利用核函数将节点间的信号强度向量映射到相应的特征空间中，在此空间中运用一种线性算法计算节点间的关系后投影到坐标空间，即通过核函数将监测区域内的 n 个节点间的信号强度向量 S（$S = [s_1, s_2, \cdots, s_n]$）与物理空间之间距离 D（$D = [d_1, d_2, \cdots, d_n]$）进行关联，图 8.5 显示了这种关联。

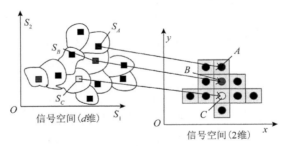

图 8.5　信号空间与物理空间的相关性示意图

　　由图 8.5 可以看出，当两节点通信半径存在交集时，它们之间就可以直接通信；当两个节点接收到的来自网络中的其余节点的信号强度而形成的信号强度向量越弱，它们之间的真实距离就越远，就是说它们越不相似；而当两节点距离越近，由区域内其他节点形成的它们之间的信号强度向量越强。

　　相关文献指出节点间的 RSSI 信号强度 s 与其之间的距离 d 呈一定的比例关系，在理想环境中信号强度与距离呈以下关系[137]

$$s(x_i, x_j) = kPd(x_i, x_j)^{-\mu} \tag{8.29}$$

其中，P 是传感网节点发射电压，k 是比例系数，μ 是信号衰减系数，通常 $\mu > 2$，$d(x_i, x_j)$ 为节点 i 到节点 j 的真实距离。

此外，Pan[125]验证了当节点部署在理想环境中时，信号强度矩阵是半正定的，因此，我们可以认为信号强度矩阵自身就是核函数矩阵。从而，我们可以利用核方法来度量样本间的相似性，也就是说核函数将信号数据隐式嵌入特征空间，在特征空间中使用线性算法从而解决欧氏空间中信号的非线性关系。

假设监测区域内 n 个节点产生 n 个样本 $\{x_1, x_2, \cdots, x_n\}$，通过核函数 $\kappa(\bullet)$ 映射到特征空间 H，则 H 由集合

$$\{\phi(x_1), \phi(x_2), \cdots, \phi(x_n)\} \tag{8.30}$$

张成。又由于区域内的节点越近，它们收到其余节点发出信号强度越相似，因此可以认为信号强度空间与特征空间 H 存在关联，且

$$\phi(\bullet) = [s(x_1, \bullet), s(x_2, \bullet), \cdots, s(x_n, \bullet)] \tag{8.31}$$

其中，$s(x_i, x_j)$ 表示节点 x_i 收到来自 x_j 的信号强度，令 $s(x_i, x_i) = 0$；节点 x_i 收到区域内其他节点信号强度向量为 $s_i = [s(x_i, x_1), s(x_i, x_2), \cdots, s(x_i, x_n)]^T$。由于高斯核函数具有保持输入空间的距离相似性这一特征，本书采用高斯核函数作为节点间相似度计算，如下

$$\begin{aligned}\kappa(x_i, x_j) &= \exp\left[-\left\|\phi(x_i) - \phi(x_j)\right\|^2 / (2\sigma^2)\right] \\ &= \exp\left[-\sum_{l=1}^{n} (s_{il} - s_{jl})^2 / (2\sigma^2)\right]\end{aligned} \tag{8.32}$$

8.3.2 基于 KSPP 的定位算法

本章提出的基于 KSPP 的定位算法的定位过程包括三步：首先，利用采集到的节点间的信号强度，通过高斯核函数来计算节点间的相似度；其次，通过稀疏表示自动构建邻近图，将定位问题转化为图上的降维问题；最后，估计监测区域内所有节点的相对坐标。利用采集到的节点间信号强度矩阵和高斯核函数，构建核函数矩阵；通过求解方程 (8.24) 获得最大特征值相对应的特征向量，由于实验在二维空间中进行，因此只需取前两个最大特征值。假设 λ_1、λ_2 是方程 (8.24) 的两个最大特征值，且 $\lambda_1 \geqslant \lambda_2$，它们相对应的特征向量为 p_1、p_2。通过 p_1、p_2 可以间接地确定节点间的相对坐标空间的基，令 $\hat{c}_i \in \mathbb{R}^2$ 是节点 X_i 的相对坐标估计值。$\hat{c}_i$ 可以通过下面的公式进行估计

$$\hat{c}_i = \begin{bmatrix} \hat{c}_{i1} \\ \hat{c}_{i2} \end{bmatrix} = \begin{bmatrix} \sum_{j=1}^{N} p_{1j} \kappa(x_i, x_j) \\ \sum_{j=1}^{N} p_{2j} \kappa(x_i, x_j) \end{bmatrix} \tag{8.33}$$

其中，p_{1j} 是 $\boldsymbol{p}_1$ 的第 j 个元素，p_{2j} 是 $\boldsymbol{p}_2$ 的第 j 个元素。

利用 KSPP 算法可以获得节点间的相对坐标，但在大多数应用中，需要得到节点的绝对坐标，因此需将获得的相对坐标转化为绝对坐标。如果系统给出了足够的信标节点(在二维定位问题中，至少需要三个以上的信标节点，而在三维定位中，至少需要四个以上的信标节点)，可以通过相对到绝对，将节点的相对坐标转化成绝对坐标，假设估计的绝对坐标 $\hat{x}_i$ 可由下列等式表示

$$\hat{x}_i = \boldsymbol{T}\hat{c}_i + b \tag{8.34}$$

即用坐标变换的方式来求取节点的绝对坐标。其中，$\boldsymbol{T}$ 是变换矩阵；b 是偏移量，其大小可由信标节点决定。

通过推导获得未知节点估计坐标为

$$\hat{x}_i = \boldsymbol{T}(\hat{c}_i - \hat{c}_b) + x_b, \quad i = m+1, \cdots, n \tag{8.35}$$

其中，c_b 是任意信标节点的相对坐标；x_b 是相应的绝对坐标；变换矩阵 $\boldsymbol{T}$ 可由下列等式获得

$$\boldsymbol{T} = \Delta X_{-b} \Delta C_{-b}^{\mathrm{T}} (\Delta C_{-b} \Delta C_{-b}^{\mathrm{T}})^{-1} \tag{8.36}$$

其中

$$\Delta X_{-b} = [\Delta x_1, \cdots, \Delta x_{b-1}, \Delta x_{b+1}, \cdots, \Delta x_m]$$

$$\Delta C_{-b} = [\Delta c_1, \cdots, \Delta c_{b-1}, \Delta c_{b+1}, \cdots, \Delta c_m]$$

而 $\Delta x_i = x_i - x_b$，$\Delta c_i = \hat{c}_i - \hat{c}_b$。为了避免信标节点间共线或近似共线造成式 (8.36) 不可解问题，我们可利用 PCA 对 ΔC_{-b} 进行变换，降低数据的维数使得 $\Delta C_{-b} \Delta C_{-b}^{\mathrm{T}}$ 不在奇异。于是在获得变换矩阵 $\boldsymbol{T}$ 之前，首先对 ΔC_{-b} 执行 PCA 变换，PCA 的投影矩阵记为 $\boldsymbol{P}$，则 $\Delta C_{-b}^{\mathrm{PCA}} = \boldsymbol{P}^{\mathrm{T}} \Delta C_{-b}$，因此变换矩阵 $\boldsymbol{T}^{\mathrm{PCA}}$ 的表达式为

$$\boldsymbol{T}^{\mathrm{PCA}} = \Delta X_{-b} \boldsymbol{P} (\Delta C_{-b}^{\mathrm{PCA}})^{\mathrm{T}} (\Delta C_{-b}^{\mathrm{PCA}} (\Delta C_{-b}^{\mathrm{PCA}})^{\mathrm{T}})^{-1} \tag{8.37}$$

此时，未知节点绝对坐标可以通过下列公式获得，即

$$\hat{x}_i = \boldsymbol{T}^{\mathrm{PCA}}(\hat{c}_i - \hat{c}_b) + x_b, \quad i = m+1, \cdots, n \tag{8.38}$$

考虑有 n 个传感网节点 $X_1, X_2, \cdots, X_n$，部署在区域 S 中，假设前 m 个节点为信标节点 $\{X_1, X_2, \cdots, X_m; m \ll n\}$，信标节点的坐标已知，且信标节点的坐标是 $x_i, i = 1, 2, \cdots, m$，其余 $n-m$ 个节点是未知节点，它们的位置信息需要通过一定的定位算法来估计。

基于 KSPP 的定位算法见算法 8.1。其中，步骤 1 到步骤 3 利用节点间的信号强度进行训练学习；在步骤 4 中每个节点利用与其余节点的邻接关系，通过训练学习模型估计节点的相对坐标；步骤 5 借助信标节点绝对位置将区域内获得的节点位置的相对坐标转化为绝对坐标。

算法 8.1　基于 KSPP 的定位算法(LE-KSPP)

输入：	信标节点坐标 $\{\boldsymbol{x}_1, \boldsymbol{x}_2, \cdots, \boldsymbol{x}_m\}, m \geqslant 3$
	节点间信号强度向量 $\left\{s_{ij}\right\}_{i,j=1}^{n}$
输出：	未知节点的估计坐标 $\{\hat{\boldsymbol{x}}_{m+1}, \hat{\boldsymbol{x}}_{m+2}, \cdots, \hat{\boldsymbol{x}}_n\}$

1. 利用采集到的节点间信号强度信息 $\left\{s_{ij}\right\}_{i,j=1}^{n}$，通过高斯核函数计算节点间的相似度，进而形成核矩阵 $\boldsymbol{K}$

2. 通过求解约束最优化问题[式(8.18)]，获得核稀疏表示系数 $\hat{s}_i(i=1,2,\cdots,M)$，用 $\hat{s}_i$ 组合得到核稀疏重构邻接矩阵 $\boldsymbol{S} = [\hat{s}_1, \hat{s}_2, \cdots, \hat{s}_M]$

3. 求解最优投影向量 $\boldsymbol{p}_1$、$\boldsymbol{p}_2$，通过广义特征方程 $\boldsymbol{K}(\boldsymbol{S}+\boldsymbol{S}^{\mathrm{T}}-\boldsymbol{S}\boldsymbol{S}^{\mathrm{T}})\boldsymbol{K}\boldsymbol{p} = \lambda \boldsymbol{K}^2 \boldsymbol{p}$ 获得两个最大特征值 λ_1、λ_2，将其相对应的特征向量 $\boldsymbol{p}_1$、$\boldsymbol{p}_2$ 作为最优向量

4. 通过方程(8.33)计算获得节点的相对坐标矩阵

5. 利用监测区域内信标节点，将相对坐标转化为绝对坐标；若信标节点之间存在共线或近似共线关系，采用公式(8.38)；若不是，则通过方程(8.35)获得未知节点绝对坐标 $\{\hat{\boldsymbol{x}}_{m+1}, \hat{\boldsymbol{x}}_{m+2}, \cdots, \hat{\boldsymbol{x}}_n\}$

8.4　仿真与实验

本节通过实验仿真来分析和评价 LE-KSPP 定位方法的性能。实验中节点部署在二维空间中，节点间距离的测量分别采用基于测距模型的仿真实验和基于实际测量数据集。测距模型所涉及的参数是 Patwari[102] 所采集数据拟合而成的，而实

际测量数据集为 Patwari 实验小组在12m×14m 长方形区域采集的 RSSI 数据。在测距模型的实验中，节点分别随机或规则地部署在监测区域内。为了考察算法是否受障碍物的影响，在上述两种部署策略中各添加了一个遮挡实验，即假设在部署区域内放置一个较大的遮挡物，使得节点之间不能直接通信，这样的区域呈 C 形。针对不同的网络拓扑结构，通过在同一区域多次重新部署节点，考察其平均意义下的定位误差。实际测量数据集则是通过监测区域内 44 个节点(其中包括 4 个信标节点)，节点中心频率为 2.4GHz，用宽带直接序列扩频通信，每个 RSSI 值共进行 10 次测量，其中每个节点各收发 5 次。

考虑到节点相对坐标难以评价，本节实验采用绝对坐标来表示节点的位置。由于 LE-KSPP 算法是由 LE-KLPP 算法 KLPP 衍生而来，且基于 KLPP 算法性能高于 KPCA、MDS-MAP、ISOMAP 算法，因此仅对 KSPP 算法与 KLPP 算法进行了比较。此外，公式(8.37)中 PCA 的留累积方差贡献率取 90%。

8.4.1　基于测距模型的仿真实验

本节实验在监测区域共设置了 4 种网络拓扑仿真实验：方形规则部署、C 形规则部署、方形均匀随机部署、C 形均匀随机部署。每种网络拓扑进行了 100 次实验，取平均的 ALE。

为了使实验贴近实际应用，本书采用文献[102]中的信标测距模型来模拟节点间的信号强度，其表达式如下

$$\begin{cases} P_{ij} \sim N(\overline{P}_{ij}, \sigma_{dB}^2) \\ \overline{P}_{ij} = P_0 - 10n_p \lg(d_{ij}/d_0) \end{cases} \tag{8.39}$$

其中，P_{ij} 是节点 i 接收到节点 j 发送的信号功率，单位是 dBm；P_0 是参考距离 d_0 点对应的接收信号功率；d_0 是参考距离；n_p 是无线传输衰减系数，与环境相关；$\overline{P}_{ij}$ 是参考距离 d_0 点对应的接收信号功率，单位是 dBm；σ_{dB}^2 是阴影方差。

由式(8.39)可得基于极大似然估计的测距估计

$$\hat{d}_{ij} = \begin{cases} d_0 \times \left[10^{\frac{P_0 - P_{ij}}{10n_p}} \right], & \hat{d}_{ij} \leqslant d_R \\ \infty, & \hat{d}_{ij} \geqslant d_R \end{cases} \tag{8.40}$$

本节实验采用 RSSI 测距模型，由接收信号功率获得节点距离估计，其中 n_p 采用文献[102]中的数据，而 $\sigma_{dB}^2 / n_p = 1.7$。

1. 规则部署

在这组实验中，节点规则部署在 200m×200m 区域内，其中栅格的边长为 10m，在无遮挡的情况下共有 441 个节点，当有遮挡存在时节点的个数变为 381 个，在这些节点中选取 5～15 个节点作为信标节点，并且假设其位置信息是已知的。

在分析 KSPP 定位算法性能之前，首先考察两个最终定位结果。如图 8.6、图 8.7 中，圆圈表示未知节点，方块表示信标节点，直线连接未知节点的真实坐标和估计坐标，直线越长，估计值越偏离真实位置。图中选取 10 个信标节点，在无遮挡的情况下，LE-KLPP 算法的 ALE=22.8%，LE-KSPP 算法的 ALE=14.9%；而在有遮挡的情况下 LE-KLPP 算法的 ALE=26.1%，LE-KSPP 算法的 ALE=19.9%。图中 LE-KSPP 算法定位精度明显高于 LE-KLPP 算法，这是由于 KSPP 通过稀疏表示重构了节点间的关系，与 KLPP 相比更加能自适应地选择决定其位置周围节点数和赋权。

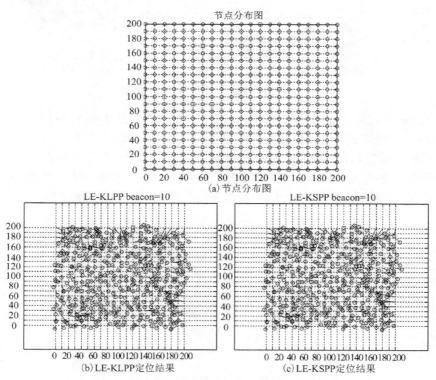

图 8.6　规则部署、不含遮挡物定位结果

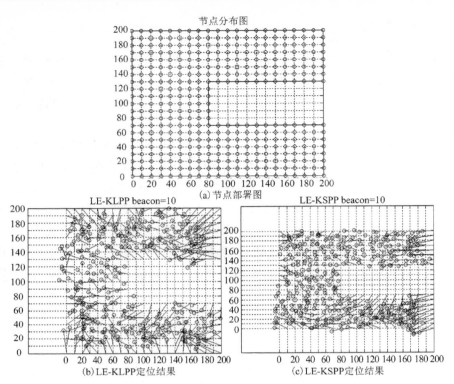

图 8.7　规则部署、含遮挡物定位结果

　　图 8.8 描述的是在规则部署网络中,信标节点数量(从 5 到 15)对 LE-KLPP 和 LE-KSPP 两种定位算法定位精度的影响。LE-KLPP 和 LE-KSPP 分别规则部署在有遮挡和无遮挡两种环境中。图中坐标点是通过 100 次实验取平均的方式,获取其平均意义下的 ALE。图中 LE-KLPP 算法 ALE 曲线随着信标节点数量的增加呈上下起伏状,这是由于 KLPP 算法人为地设定周围节点数量(通过 k 近邻)并赋权

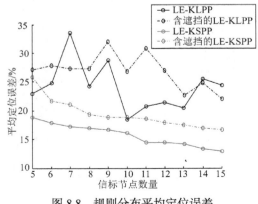

图 8.8　规则分布平均定位误差

值，这种事先选择节点数并赋值的方法并不一定在每种网络拓扑下都获得最优；而 LE-KSPP 能够准确地获取周围节点数量和关系权值，使得 LE-KSPP 能够自动地根据网络环境自适应地选择周围节点并赋相应的权值，随着信标节点数量的增多（具有准确位置的节点增多），定位精度提高。同时可以看出 LE-KLPP 和 LE-KSPP 的定位方法都是基于图定位算法，它们对信标节点数量要求并不高，在信标节点密度低时也能获得高的覆盖率。

2. 随机部署

在这组实验中，200 个节点随机部署在 200m×200m 的二维方形区域内，并从这 200 个节点中选取 5 到 15 个节点作为信标节点。同规则部署一样，为了考察非视距对定位算法的影响，在随机部署实验中加入存在障碍物的实验场景，此外节点间的信号强度仍然采用方程(8.39)来模拟。

同样，首先考察两个最终的定位结果，如图 8.9 和图 8.10 所示，这两个实验中的信标节点数仍为 10，在无遮挡的情况下 LE-KLPP 方法的 ALE=32.7%，LE-KSPP 方法的 ALE=17.5%；而在有遮挡的情况下 LE-KLPP 方法的 ALE=33.7%，LE-KSPP 方法的 ALE=24.6%。由此可见有遮挡的情况下，可能会造成可选择的周围节点间距较大及 LE-KLPP 方法和 LE-KSPP 方法的误差都增大；此外，KLPP 算法认为设定 k 近邻数目，不能准确地描述网络拓扑，造成 KLPP 方法的误差明显大于 KSPP 方法。

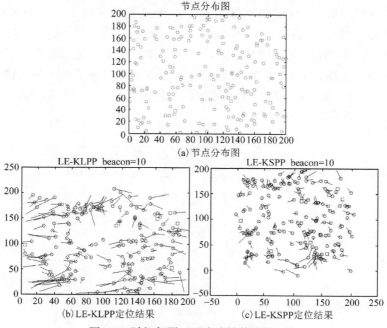

图 8.9　随机部署、不含遮挡物定位结果

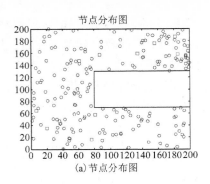

(a)节点分布图

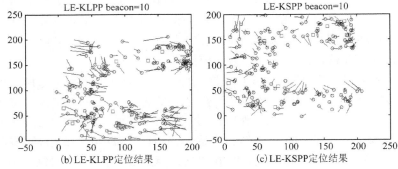

(b)LE-KLPP定位结果   (c)LE-KSPP定位结果

图 8.10　随机部署、含遮挡物定位结果

　　如图 8.11 所示，在随机部署情况下，无论在部署区域是否出现障碍物，LE-KSPP 方法的精度都高于相应的 LE-KLPP 方法，且随着信标节点数量的增加 LE-KSPP 方法的 ALE 曲线递减；同样由于不能精确、自适应地描述节点周围情况，LE-KLPP 方法的 ALE 曲线随着信标节点数量的增加呈上下起伏状，在信标节点数为 9 时 LE-KLPP 方法的平均定位误差甚至大于 50%，根据文献[47]所述这样的定位结果不适合实际应用。

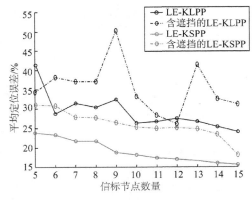

图 8.11　随机分布平均定位误差

8.4.2　基于实际测量数据集的算法性能

　　实验数据来自美国犹他州立大学的电气与计算机工程系跨网络传感与处理（Sensing and Processing Across Networks，SPAN）实验室，实验场景如图 8.12 所示。

图 8.12　实际测量区域

　　利用数据集，本节比较了 LE-KLPP 和 LE-KSPP 算法的定位性能，实验结果见表 8.1。由表 8.1 可见 LE-KSPP 定位精度在不同的通信半径下均高于 LE-KLPP 算法的精度，且平均定位误差都有 10%以上的提升。

表 8.1　基于实际 RSSI 测量数据集的平均定位误差比较

无线通信半径/m	LE-KLPP 平均定位误差/%	LE-KSPP 平均定位误差/%
6.5	23.71	17.24
7	15.68	14.11
7.5	13.65	11.68
8	12.66	10.46

　　图 8.13 显示的是通信半径为 7.5m 的定位结果。从图中可以看出两种算法离信标节点越近估计误差越小，说明信标节点位置越准确，由其决定的未知节点的位置就越准确；在图 8.13 中选用 KLPP 算法，人为设定 k 近邻，造成在部分区域（远离信标节点）能够获得最优解（直线较短）而在部分区域却不适合（直线较长）；在图 8.13 中选用 KSPP 算法，利用稀疏表示自适应的获取邻接点数，获得的估计值较为稳定（直线长短变化不大）。

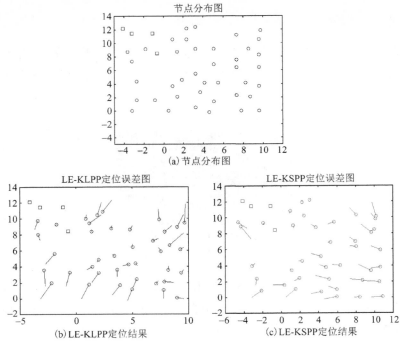

图 8.13　基于实际 RSSI 测量数据的定位结果

8.5　本　章　小　结

　　本章研究了基于信号强度的传感网节点定位问题，并提出了基于 KSPP 的定位算法。该算法利用核方法将信号强度映射到高维特征空间并进行稀疏表示，进而通过核稀疏表示得到信号集的核稀疏表示系数。高维特征空间中的数据具有更好的线性可分性，且稀疏表示能自适应地捕捉数据的"局部"结构，并且不同的样本点被自动地赋予不同的"近邻"数，避免了参数的选择，使得算法更适合不同的环境。

　　本章的实验表明，LE-KSPP 算法无论是在测距模型还是在实测数据下都能取得较满意的定位结果，算法受信标节点数量和遮挡物的影响较小，且能够自适应各种网络拓扑环境，具有较高的鲁棒性。

9   总结与展望

9.1   本 书 总 结

"十三五"规划明确指出我国互联网的未来发展方向是"实施网络强国战略，实施'互联网+'行动计划，发展分享经济，实施国家大数据战略"。传感网一直是互联网的重要组成部分，而位置信息使得无线数据更有实际意义。传感网节点常被部署在需要监测特殊信息的区域内，而在这部分区域内常需要位置信息为路由、导航、目标跟踪等特定任务提供服务，因而位置信息承担着非常重要的作用。本书从四个制约定位性能的问题入手，围绕如何提高定位精度、性能和稳定性，设计了多类定位算法。

在基于测距的节点定位问题中，为了降低部署区域内不同性质误差对定位精度的影响，本书提出了基于中位数加权的测距定位算法。该算法首先分析测距信息中不同性质的误差，在获得一段时间的测量数据后采用中位数方法找到它的平衡点，并在此平衡点的基础上分别赋予测量序列值不同的权值，再将权值与相对应的信号值相乘，最终将这一系列值相加作为节点间的测量值。实验表明与以往的去噪测距定位算法相比较，基于中位数加权的定位算法对每个测量数据都加以考虑，且受粗差影响小，最大能抗 50% 的粗差。

在基于信标节点的定位算法中，算法受到信标节点所组成的定位单元形状拓扑制约。本书首先提出了对定位单元几何形状分析，并给出二维环境定位的两种不良定位单元及九种三维环境下的不良定位单元，并给出相应量化判断公式；随后采用多元分析算法中的降维算法 PCA，对信标节点坐标矩阵重构，算法同样能够避免定位计算过程多重共线性问题的干扰。与定位单元几何形状分析算法不同的是，多元分析算法基于统计学和极大熵原理对坐标数据进行重新组合，算法在消除多重共线性数据的同时还能消除部分位置噪声，因而利用多元分析方法不存在降低定位覆盖率的问题。实验表明基于形状分析和多元分析的定位算法都能有效地避免定位过程中多重共线性的影响，且算法稳定性较高。

　　在递增式定位过程中，以往的方法多是以解决由于误差累积所造成的异方差问题；或是采用不实际的，以误差项方差倒数为权值的加权最小二乘法；或是仅考虑异方差单调增长。这些算法仅仅估计误差问题而忽视了原始信标节点与新增信标节点之间的拓扑关系。本书提出一种基于可行加权最小二乘法与典型相关回归相结合的递增式定位算法。算法先利用典型相关回归方法对定位数据降维去噪、消除共线性数据，而后在获得较为"干净"的数据基础上采用每次估值所产生的残差作为权值，因而使得在递增定位过程中不仅消除了异方差而且避免了多重共线性问题的影响。实验表明，与同类型递增定位算法相比较，算法的定位精度高且算法稳定。

　　在多跳递增定位方法中，定位性能受到误差累积和节点间共线问题的影响。本书提出另一种递增定位方法，算法采用迭代再加权方法削弱误差累积的影响，并在此基础上通过规则化方法避免共线问题的影响。该方法还具有抗差能力较强、精度高、适应性强的特点。

　　在仅有网络拓扑各向异性的部署环境中，采用规则化的回归方法训练已知节点间跳数—距离关系，并基于此预测待测节点到信标节点的距离。该方法还采用经验规则化参数，避免了复杂的选参过程。仿真实验表明，所提出的方法具有简单、精度高、适应性强的特点。

　　在复杂环境中，无线网络定位性能不仅仅受到拓扑各向异性问题的制约，还受到跳数—距离关系模糊问题的影响。本书采用核化的线性规则化方法训练参考节点间的跳数—距离关系，并基于此预测未知节点到参考节点的距离。该方法与相近方法比较，具有参数设置简单、精度高、适应不同复杂环境的优点。

　　在基于信号强度的测量定位算法中，部署区域内节点受到物体遮挡、同频率其他节点干扰及信号多径反射等环境因素的影响使测量获得的数据呈现高度非线性，若再使用经典的三边法或多边法估值将难以获得理想的结果。本书提出了一种基于 KSPP 的定位算法，算法首先将信号强度矩阵输入到高斯核函数中，用以度量节点间的相似性；而后使用稀疏表示系数创建节点间的邻近图，由于稀疏表示系数是通过 ℓ_1 范数求得，因而未知节点会在通信半径内自动选取邻近节点，并由这些节点共同决定其位置；最后利用保持投影的方法保持了数据的一些内蕴特征（旋转、尺度和平移不变）。该方法受信标节点数量和测量噪声影响较小，较其他基于机器学习的定位方法有更高的定位精度，且算法在不同拓扑环境自动设置邻近图，因此算法更稳定。

　　综上所述，本书所提出的四种算法都有自己的特点。基于中位数加权的定位算法需要在通信交流一段时间后，才开始工作，因此算法并不适合实时定位系统；基于形状分析的定位算法，通过剔除定位质量差定位单元来达到避免共线问题，因此在某些场景中必然造成部分区域节点不能定位，且算法不能消除信标节点本身的位置误差；基于多元分析的定位方法既能消除多重共线性的影响，又能消除信标节点本身存在的位置误差，但其采用的是一种有偏估计，因此，会损失一部分定位精度；基于可行加权最小二乘法与典型相关回归的定位方法，虽然通过FWLS 消除了异方差，并通过 CCR 消除共线及部分噪声的影响，但在信标节点数量很少、测量误差较大时，定位精度并不理想；基于 KSPP 的定位算法虽然对信标节点数量和测量精度要求较低，但其是一种集中式定位方法，对汇聚节点的要求较高。

9.2   研究展望

　　传感网是一个新兴的技术领域，它具有面向应用、多学科交叉等特点，当前在传感网研究方面仍有非常大的空间，有待进一步探索。本书针对传感网节点定位问题开展了一定的研究工作，但受实验条件、研究时间和个人水平的制约，目前仍然存在诸多技术难题亟待解决。以下是对未来研究工作的一些展望。

　　(1)三维复杂场景的定位：不论是一般应用环境，还是易发生自然灾害或遭受自然灾害破坏且人员无法到达的环境，三维部署场景是最常见的部署环境，其复杂程度远远高于一般理论研究的二维环境。本书在第 3 章利用四面体形状质量判断方法对多重共线性问题开展了研究，忽略了地形障碍等问题对传输信号产生的影响，这有待进一步的研究。

　　(2)移动物体的定位和跟踪：本书主要研究的是节点自身位置的定位，而更为广义的定位包括对其他物体的定位，以及对移动物体的定位和跟踪。移动物体的定位和跟踪比节点自身定位更为复杂、能量消耗更大，如何更高效地利用节点间的交流信息设计出功耗小、反应快、精度高的算法有待进一步研究。

　　(3)分布式定位：传感网节点多由个体结构简单、成本低、功耗小且功能简单的芯片构成，这就势必造成对数据量和运算要求较高的集中式定位方法难以实现。分布式方法可以巧妙地利用传感网邻域节点间协同工作，使用本地的数据值进行局部的位置估计，再利用基站将这些局部估计结果进行进一步的处理，最终形成对未知节点的联合估计。分布式方法的优点明显，它对通信带宽需求较低、计算速度较快、可靠性和连续性较好，但定位精度相对集中式方法低，因此如何使分布式定位方法获得高精度的定位结果有待进一步研究。

参 考 文 献

[1]杨吉. 互联网: 一部概念史[M]. 北京: 清华大学出版社, 2016.

[2]Whitmore A, Agarwa A, Xu L D. The internet of things—A survey of topics and trends[J]. Information Systems Frontiers, 2015, 17(2): 261-274.

[3]Khan I, Belqasmi F, Glitho R, et al. Wireless sensor network virtualization: A survey[J]. IEEE Communications Surveys & Tutorials, 2016, 18(1): 553-576.

[4]Xu L D, He W, Li S C. Internet of things in industries: A survey[J]. IEEE Transactions on Industrial Informatics, 2014, 10(4): 2233-2243.

[5]Al-Fuqaha A, Guizani M, Mohammadi M, et al. Internet of things: A survey on enabling technologies, protocols, and applications[J]. IEEE Communications Surveys & Tutorials, 2015, 17(4): 2347-2376.

[6]Ilyas M, Mahgoub I. Smart Dust: Sensor Network Applications, Architecture and Design[M]. New York: CRC Press, 2006.

[7]Lu X, Wang P, Niyato D, et al. Wireless charging technologies: Fundamentals, standards, and network applications[J]. IEEE Communications Surveys & Tutorials, 2016, 18(2): 1413-1452.

[8]孙利民, 李建中, 陈渝. 无线传感器网络[M]. 北京: 清华大学出版社, 2005.

[9]程龙, 王岩. 无线传感器网络室内定位与网络修复方法研究[M]. 沈阳: 东北大学出版社, 2015.

[10]李中民. 我国物联网发展现状及策略[J]. 计算机时代, 2011(3): 13-15.

[11]科学技术部. 关于发布 863 计划地球观测与导航技术领域 2007 年度第一批重点项目申请指南的通知[EB/OL]. http://www.most.gov.cn/tztg/200707/t20070715_51518.htm[2017-11-5].

[12]工业和信息化部. 《物联网"十二五"发展规划》发布[EB/OL]. http://www. gov.cn/2wgk/2012-02/14/content_2065999.htm[2017-11-5].

[13]沈嘉明, 谈兆炜, 傅洛伊, 等. CCF A 类会议报告——计算机网络顶级会议趋势分析[J]. 中国计算机学会通讯, 2015, 11(9): 62-66.

[14]Shekhar S, Feiner S K, Aref W G. Spatial computing[J]. Communications of the ACM, 2016, 59(1): 72-81.

[15]U.S. Environmental Protection Agency. The inside story: A guide to indoor air quality[EB/OL]. http://www.cpsc.gov/en/Safety-Education/Safety-Guides/Home/The-Inside-Story-A-Guide-to-Indoor-Air-Quality/.

[16]Yu K, Sharp I, Guo Y J. 地面无线定位技术[M]. 北京: 电子工业出版社, 2012.

[17]Research and Markets. Indoor location market by solution (Tag-based, RF-based, Sensor-based), by application (Indoor Maps & Navigation, Indoor Location-based Analytics, Tracking & Tracing, Monitoring & Emergency Management), by service, by Vertical, & by Region - Global Forecast Up to 2019[R], Marketsand Markets 2014.

[18]Research and Markets. Indoor Location Market by Positioning Systems, Maps and Navigation, Location based analytics, Location based services, Monitoring and emergency services - Worldwide Market Forecasts and Analysis (2014 - 2019)[R]. Researchand Markets 2014.

[19]Peter, Raghu. Mobile Phone Indoor Positioning Systems (IPS) and Real Time Locating Systems (RTLS) 2014-2024 Forecasts, Players, Opportunities[R]. ID Tech Ex 2014.

[20]Jeff H. New wave of location-accuracy standards based on an FCC mandate[EB/OL]. http://www.rcrwireless.com/20150904/carriers/911-location-accuracy-testing-tag15[2017-12-6].

[21]Ofcom, Assessment of Mobile Location Technology[R], 2010.

[22]中华人民共和国科学技术部. 科技部关于印发导航与位置服务科技发展"十二五"专项规划的通知[EB/OL]. http://www.most.gov.cn/tztg/201209/t20120918_96837.htm[2017-12-5].

[23]科技部高新司国家遥感中心. 室内外高精度定位导航白皮书[EB/OL]. http://www.nrscc.gov.cn/nrscc/tzgg/201309/t20130929_32303.html[2017-12-5].

[24]国家测绘地理信息局. 关于印发《测绘地理信息科技发展"十三五"规划》的通知[EB/OL]. http://www.sbsm.gov.cn/zwgk/ghjh/chgh/201610/t20161025_347925.shtml[2017-12-5].

[25]南京市人民政府. "十三五"智慧南京发展规划[EB/OL]. http://www.nanjing.gov.cn/xxgk/szf/201702/t20170215_4363549.html[2017-12-5].

[26]中华人民共和国中央人民政府. 国务院关于印发"十三五"国家信息化规划的通知[EB/OL]. http://www.gov.cn/zhengce/content/2016-12/27/content_5153411.htm[2017-12-5].

[27]刘云浩. 物联网导论[M]. 2版. 北京: 科学出版社, 2013.

[28]马飒飒, 张磊, 夏明飞, 等. 无线传感器网络概论[M]. 北京: 人民邮电出版社, 2015.

[29]邓中亮. 基于导航与通信融合的室内定位与位置服务[J]. 中国计算机学会通讯, 2016, 12(3): 32-36.

[30]Cota-Ruiz J, Rivas-Perea P, Sifuentes E, et al. A recursive shortest path routing algorithm with application for wireless sensor network localization[J]. IEEE Sensors Journal, 2016, 16(11): 4631-4637.

[31]Seyed J, Karim F, Mehdi D. AMOF: Adaptive multi-objective optimization framework for coverage and topology control in heterogeneous wireless sensor networks[J]. Telecommunication Systems, 2016, 61(3): 515-530.

[32]陈鸿龙, 王志波, 王智, 等. 针对虫洞攻击的无线传感器网络安全定位方法[J]. 通信学报, 2015, 36(3): 1-8.

[33]周艳. 智能空间中定位参考点的优化选择及误差分析[D]. 沈阳: 东北大学, 2009.

[34]肖甫, 沙朝恒, 陈蕾, 等. 基于范数正则化矩阵补全的无线传感网定位算法[J]. 计算机研究与发展, 2016, 53(1): 216-227.

[35]杨铮, 吴陈沭, 刘云浩. 位置计算: 无线网络定位与可定位性[M]. 北京: 清华大学出版社, 2014.

[36]Yang L, Chen Y, Li X Y, et al. Tagoram: Real-time tracking of mobile RFID tags to high

precision using COTS devices[C]//MobiCom '14 Proceedings of the 20th Annual International Conference on Mobile Computing and Networking, New York, 2014: 237-248.

[37]Yang L, Chen Y, Chen C, et al. Demo: high-precision RFID tracking using COTS devise[C]// MobiCom '14 Proceedings of the 20th Annual International Conference on Mobile Computing and Networking Table of Contents. New York, 2014:325-328.

[38]Yang Z, Zhou Z, Liu Y. From RSSI to CSI indoor localization via channel response[J]. ACM Computing Surveys, 2013, 46(2): 1-33.

[39]杨铮, 刘云浩. Wi-Fi 雷达: 从 RSSI 到 CSI[J]. 中国计算机学会通讯, 2014, 10(11): 55-60.

[40]Nguyen C L, Georgiou O, Doi Y. Maximum likelihood based multihop localization in wireless sensor networks[C]//IEEE International Conference on Communications(ICC). London, 2015:6663-6668.

[41]Yan X Y, Song A G, Yang Z. Toward collinearity-avoidable localization for wireless sensor network[J]. Journal of Sensors, 2015: 1-16.

[42]Hightower J, Borriello G. Location systems for ubiquitous computing[J]. Computer, 2001, 34(8): 57-66.

[43]吴东金, 夏林元. 面向室内 WLAN 定位的动态自适应模型[J]. 测绘学报, 2015, 44(12): 1322-1330.

[44]肖竹, 陈杰, 王东, 等. 严重遮挡非视距环境下的三维定位方法[J]. 通信学报, 2015, 36(8): 68-75.

[45]Xiao Q G, Bu K, Wang Z J, et al. Robust localization against outliers in wireless sensor networks[J]. Transactions on Sensor Networks (TOSN), 2013, 9(2): 1-26.

[46]Terzis A. Minimising the effect of WiFi interference in 802.15.4 wireless sensor networks[J]. International Journal of Sensor Networks, 2008, 3(1): 43-54.

[47]Jin R C, Che Z P, Xu H, et al. An RSSI-based localization algorithm for outliers suppression in wireless sensor networks[J]. Wireless Networks, 2015, 21(8): 2561-2569.

[48]Bahl P. RADAR: An in-building RF-based user location and traeking system[C]//Nineteenth Annual Joint Conference of the IEEE Computer and Communications Soeieties. Israel, 2000.

[49]Feng C, Au W S A, Valaee S, et al. Received signal strength based indoor positioning using compressive sensing[J]. IEEE Transactions on Mobile Computing, 2012, 11(12): 1983-1993.

[50]Mao G Q, Fidan B. Localization Algorithms and Strategies for Wireless Sensor Networks: Monitoring and Surveillance Techniques for Target Tracking[M]. New York: Information Science Reference, 2009.

[51]Hightower J, Borriello G. Location sensing techniques[J]. IEEE Computer, 2001, 34(8): 57-66.

[52]王成群. 基于学习算法的无线传感器网络定位问题研究[D].杭州: 浙江大学, 2009.

[53]Pan J J, Pan S J, Yin J, et al. Tracking mobile users in wireless networks via semi-supervised colocalization[J]. IEEE Transactions on Pattern Analysis and Machine Intelligence, 2012, 34(3): 587-600.

[54]Niculescu D, Nath B. Ad-hoc positioning system (APS) using AoA[C]//IEEE INFOCOM. San Francisco, 2003.

[55]Patwari N. Location Estimation in Sensor Networks[D]. Michigan: The University of Michigan, 2005.

[56]Shang Y, Ruml W, Zhang Y, et al. Localization from mere connectivity[C]//MobiHoc '03 Proceedings of the 4th ACM International Symposium on Mobile Ad hoc Networking & Computing. Annapolis, 2003.

[57]Li M, Liu Y H. Rendered Path: Range-Free localization in anisotropic sensor networks with holes[J]. IEEE/ACM Transactions on Networking, 2010, 18(1): 320-332.

[58]Kung H T, Lin C K, Lin T H, et al. Localization with snap-inducing shaped residuals(SISR) - coping with errors in measurement[C]//MobiCom '09 Beijing, 2009.

[59]Yin F. Robust Wireless Localization in Harsh Mixed Line-of-Sight/Non-Line-of-Sight Environments[D]. Darmstadt: Technische Universität Darmstadt, 2014.

[60]Xiao B, Chen L, Xiao Q J, et al. Reliable anchor-based sensor localization in irregular areas[J]. IEEE Transactions on Mobile Computing, 2010, 9(1): 60-72.

[61]Chen J M, Wang C G, Sun Y X, et al. Semi-supervised laplacian regularized least squares algorithm for localization in wireless sensor networks[J]. Computer Networks, 2011, 55(10): 2481-2491.

[62]Meguerdichian S, Slijepcevic S, Karayan V, et al. Localized algorithms in wireless ad hoc networks: location discovery and sensor exposure[C]//MobiHoc '01 Proceedings of the 2nd ACM International Symposium on Mobile ad hoc Networking & Computing. ACM Press, 2001.

[63]Paul A S, Wan E A. RSSI-based indoor localization and tracking using sigma-point kalman smoothers[J]. Selected Topics in Signal Processing, 2009, 3(5): 860-873.

[64]Kumar P, Reddy L, Varma S. Distance measurement and error estimation scheme for RSSI based localization in wireless sensor networks[C]//Fifth IEEE Conference on Wireless Communication and Sensor Networks (WCSN). Allahabad, 2009.

[65]Zhang Y, Meratnia N, Havinga P. Outlier detection techniques for wireless sensor networks: A survey[J]. IEEE Communications Surveys & Tutorials , 2010, 12(12): 159-170.

[66]Hodge V J, Austin J. A survey of outlier detection methodologies[J].Artificial Intelligence Review, 2004, 22(2): 85-126.

[67]Huber P J, Ronchetti E M. Robust Statistics[M]. New York: Wiley, 2009.

[68]Zhang C M, Zhou X, Gao C S, et al. On improving the precision of localization with gross error removal[C]//28th International Conference on Distributed Computing Systems Workshops. Beijing, 2008.

[69]Rousseeuw P J, Hubert M. Robust statistics for outlier detection[J]. Wiley Interdisciplinary Reviews: Data Mining and Knowledge Discovery, 2011, 1(1): 73-79.

[70]Liu D G, Ning P, Liu A, et al. An attack-resistant localization algorithm in wireless sensor networks[J]. ACM Transactions on Information and System Security, 2008, 11(4): 1-36.

[71]Li X, Hua B, Shang Y, et al. A robust localization algorithm in wireless sensor networks[J]. Frontiers of Computer Science in China, 2008, 2(4): 438-450.

[72]Andersen R. 现代稳健回归方法[M]. 李丁, 译. 上海: 格致出版社, 2012.

[73]Rappaport T S. 无线通信原理与应用[M]. 蔡涛, 等译. 北京: 电子工业出版社, 2006.

[74]Zheng J, Jamalipour A. Wireless Sensor Networks: A Networking Perspective[M]. Hoboken: A John & Sons, Inc, 2009.

[75]Tian S, Zhang X M, Wang X G, et al. A selective anchor node localization algorithm for wireless sensor networks[C]//ICCIT '07 Proceedings of the 2007 International Conference on Convergence Information Technology. Gyeongju, 2007.

[76]Sarrate J, Palau J, Huerta A. Numerical representation of the quality measures of triangles and triangular meshes[J]. Communications in Numerical Methods in Engineering, 2003, 19(7): 551-561.

[77]Cheng S W, Dey T K, Edelsbrunner H, et al. Sliver exudation[J]. Journal of the Association for Computing Machinery, 2000, 47: 883-904.

[78]Poggi C, Mazzini G. Collinearity for sensor network localization[C]//Vehicular Technology Conference, 2003. VTC 2003-Fall. 2003 IEEE 58th. Orlando, 2003.

[79]吴凌飞, 孟庆虎, 梁华为. 一种基于共线度的无线传感器网络定位算法[J]. 传感技术学报, 2009, 22(5): 722-727.

[80]刘克中, 王殊, 胡富平, 等. 无线传感器网络中一种改进 DV-Hop 节点定位方法[J]. 信息与控制, 2006, 35(6): 787-792.

[81]Abdelsalam H S, Olariu S. A 3d-localization and terrain modeling technique for wireless sensor networks[C]//The 2nd ACM International Workshop on Foundations of Wireless Ad hoc and Sensor Networking and Computing. New Orleans, 2009.

[82]Cheng S W, Dey T K, Shewchuk J. Delaunay Mesh Generation[M]. London: Chapman and Hall/CRC, 2012.

[83]Sun S L, Liu J F. An efficient optimization procedure for tetrahedral meshes by chaos search algorithm[J]. Journal of Computer Science and Technology, 2003, 18(6): 796-803.

[84]Kumari S S S. Multicollinearity: Estimation and elimination[J]. Journal of Contemporary Research in Management, 2008, 3(1): 87-95.

[85]Dias R A P, Petrini J, Ferraz J B S, et al. Multicollinearity in genetic effects for weaning weight in a beef cattle composite population[J]. Livestock Science, 2011, 142(1-3): 188-194.

[86]Hoerl A E. Application of ridge analysis to regression problems[J]. Chemical Engineering Progress, 1962, 58: 54-59.

[87]Jolliffe I T. Principal Component Analysis[M]. New York: Springer, 2002.

[88]Fodor I K. A survey of dimension reduction techniques[EB/OL]. https://www.researchgate.net/ publication/2860580_A_Survey_of_dimension_reduction_techniques_Tech_Rep_UCRL_ID_ 149494[2017-12-6].

[89]Niculescu D, Nath B. DV based positioning in ad hoc networks[J]. Telecommunication Systems, 2003, 22(1-4): 267-280.

[90]刘凯, 余君君, 谭立雄. 跳数加权 DV-Hop 定位算法[J]. 传感技术学报, 2012, 25(11): 1539-1542.

[91]Chen H Y, Shi Q J, Tan R, et al. Mobile element assisted cooperative localization for wireless sensor networks with obstacles[J]. IEEE Transactions on Wireless Communications, 2010, 9(3): 956-963.

[92]Cribari-Neto F, Silva W. A new heteroskedasticity consistent covariance matrix estimator for the linear regression model[J]. Advances in Statistical Analysis, 2011, 95(2): 129-146.

[93]王建刚, 王福豹, 段渭军. 加权最小二乘估计在无线传感器网络定位中的应用[J]. 计算机应用研究, 2006, 23(9): 41-43.

[94]Meesookho C, Mitra U, Narayanan S. On energy-based acoustic source localization for sensor networks[J]. IEEE Transactions on Signal Processing, 2008, 56(1): 365-377.

[95]熊伟丽, 唐蒙娜, 徐保国. 一种用于无线传感器网络节点递增式定位的新方法[J]. 传感技术学报, 2011, 24(4): 556-561.

[96]嵇玮玮, 刘中. 递增式传感器节点定位方法的累积误差分析及其改进[J]. 南京理工大学学报, 2008, 32(4): 496-501.

[97]Vaghefi R M, Gholami M R, Strom E G. RSS-based sensor localization with unknown transmit power[C]//IEEE International Conference on Acoustics, Speech and Signal Processing (ICASSP). Prague, 2011.

[98]Heij C, Boer P D, Franses P H, et al. Econometric Methods with Applications in Business and Economics[M]. Oxford: Oxford University Press, 2004.

[99]Sun L, Ji S, Ye J. Canonical correlation analysis for multilabel classification: A least-squares formulation, extensions, and analysis[J]. IEEE Transactions on Pattern Analysis and Machine Intelligence, 2011, 33(1): 194-200.

[100]王晓鹏. WSN 节点定位中不适定问题的研究[D]. 济南: 山东大学, 2011.

[101]孙廷凯. 增强型典型相关分析研究与应用[D]. 南京: 南京航空航天大学, 2006.

[102]Patwari N. Wireless sensor network localization measurement repository[EB/OL]. http://span.ece.utah.edu/download/patwari03meas_sIV_v2.mat[2007-12-5].

[103]王振杰. 大地测量中不适定问题的正则化解法研究[D]. 武汉: 中国科学院测量与地球物理研究所, 2003.

[104]何晓群, 刘文卿. 浅谈加权最小二乘法及其残差图——兼答孙小素副教授[J]. 统计研究, 2006, 23(4): 53-57.

[105]Hammes U, Zoubir A M. Robust MT tracking based on m-estimation and interacting multiple model algorithm[J]. IEEE Transactions on Signal Processing, 2011, 59(7): 3398-3409.

[106]陈景良. 特殊矩阵[M]. 北京: 清华大学出版社, 2001.

[107]Nagpal R, Shrobe H, Bachrach J. Organizing a global coordinate system from local information on an Ad Hoc sensor network[C]//Information Processing in Sensor Networks. Palo Alto, 2003.

[108]Lim H, Hou J C. Distributed localization for anisotropic sensor networks[J]. ACM Transactions on Sensor Networks (TOSN), 2009, 5(2): 1-26.

[109]Lee J, Chung W, Kim E. A new kernelized approach to wireless sensor network localization[J]. Information Sciences, 2013, 243: 20-38.

[110]Shalev-Shwartz S, Singer Y, Srebro N, et al. Pegasos: primal estimated sub-gradient solver for SVM[J]. Mathematical Programming, 2011, 127(1): 3-30.

[111]Lu Y C, Dhillon P S, Foster1 D, et al. Faster ridge regression via the subsampled randomized hadamard transform[C]//Proceedings of the Neural Information Processing Systems (NIPS) Conference. Palo Alto, 2013.

[112]Kleinrock L, Silvester J. Optimum transmission radii for packet radio networks or why six is a magic number[C]//Proceedings of the IEEE National Telecommunications Conference. Birmingham, 1978.

[113]Cherkassky V, Ma Y. Practical selection of SVM parameters and noise estimation for SVM regression[J]. Neural Networks, 2004, 17: 113-126.

[114]Yan X Y, Yang Z, Song A G, et al. A novel multihop range-free localization based on kernel learning approach for the internet of things[J]. Wireless Personal Communications, 2016, 87(1): 269-292.

[115]Yan X Y, Song A G, Yang Z, et al. An improved multihop-based localization algorithm for wireless sensor network using learning approach[J]. Computers & Electrical Engineering, 2015, 48: 247-257.

[116]Zhong Z G, He T. RSD: A metric for achieving range-free localization beyond connectivity[J]. IEEE Transactions on Parallel and Distributed Systems, 2011, 22(11): 1943-1951.

[117]Tan G, Jiang H B, Zhang S K, et al. Connectivity-based and anchor-free localization in large-scale 2D/3D sensor networks[J]. ACM Transactions on Sensor Networks (TOSN), 2013, 10(1): 1-21.

[118]Shang Y, Ruml W. Improved MDS-based localization[C]//INFOCOM. Hong Kong, 2004.

[119]Aster R C, Borchers B, Thurber C H. Parameter Estimation and Inverse Problems[M]. Waltham: Academic Press , 2013.

[120]Shawe-Taylor J, Cristianini N. Kernel Methods for Pattern Analysis[M]. New York: Cambridge University Press, 2004.

[121]李航. 统计学习方法[M]. 北京: 清华大学出版社, 2012.

[122]Vazquez E, Walter E. Multi-output support vector regression[C]//13th IFAC Symposium on System Identification. Rotterdam, 2003.

[123]Ni L M, Liu Y H, Lau Y C, et al. LANDMARC: indoor location sensing using active RFID[J]. Wireless Networks, 2004, 10(6): 701-710.

[124]Essoloh M, Richard C, Snoussi H, et al. Distributed localization in wireless sensor networks as a pre-image problem in a reproducing kernel Hilbert space[C]//16th European Signal Processing Conference (EUSIPCO 2008). Lausanne, 2008.

[125]Pan J F. Learning-Based Localization in Wireless Sensor Networks[D]. Hong Kong: The Hong Kong University of Science and Technology, 2007.

[126]Wang C Q, Chen J M, Sun Y X, et al. A graph embedding method for wireless sensor networks localization[C]//Global Telecommunications Conference. Honolulu, 2009.

[127]顾晶晶, 陈松灿, 庄毅. 用局部保持典型相关分析定位无线传感器网络节点[J]. 软件学报, 2010, 21(11): 2883-2891.

[128]Belkin M, Niyogi P. Laplacian eigenmaps for dimensionality reduction and data representation[J]. Neural Computational Mathematics and Modeling, 2002, 15(6): 1373-1396.

[129]Wright J, Yang A Y, Ganesh A, et al. Robust face recognition via sparse representation[J]. IEEE Transactions on Pattern Analysis and Machine Intelligence, 2009, 3(2): 210-227.

[130]Qiao L S, Chen S C, Tan X Y. Sparsity preserving projections with applications to face recognition[J]. Pattern Recognition, 2010, 43(1): 331-341.

[131]殷俊, 杨万扣. 核稀疏保持投影及生物特征识别应用[J]. 电子学报, 2013, 41(4): 639-645.

[132]Aizerman A, Braverman E M, Rozoner L I. Theoretical foundations of the potential function

method in pattern recognition learning[J]. Automation and Remote Control, 1964, 25: 821-837.

[133]Boser B E, Guyon I M, Vapnik V N. A training algorithm for optimal margin classifiers[C]// COLT '92 Proceedings of the Fifth Annual Workshop on Computational Learning Theory. Pittsburgh, 1992.

[134]Elad M. Sparse and Redundant Representations From Theory to Applications in Signal and Image Processing[M]. New York: Springer, 2010.

[135]Donoho D L. Compressed Sensing[J]. IEEE Transactions on Information Theory, 2006, 52(4): 1289-1306.

[136]Donoho D L, Huo X M. Uncertainty principles and ideal atomic decomposition[J]. IEEE Transactions on Information Theory, 2001, 47(7): 2845-2862.

[137]Honeine P, Richard C. Preimage problem in kernel-based machine learning[J]. IEEE Signal Processing Magazine, 2011, 28(2): 77-88.